MATÉRIAUX

POUR LA

CARTE GÉOLOGIQUE

DE L'ALGÉRIE

MM. POMEL ET POUYANNE, Directeurs

1re SÉRIE

PALÉONTOLOGIE. — MONOGRAPHIES LOCALES

ALGER
IMPRIMERIE DE L'ASSOCIATION OUVRIÈRE, P. FONTANA ET Cie

1885

MATÉRIAUX

POUR LA

CARTE GÉOLOGIQUE

DE L'ALGÉRIE

MM. POMEL ET POUYANNE, Directeurs

Ire SÉRIE

PALÉONTOLOGIE. — MONOGRAPHIES LOCALES

N° 2

ALGER

IMPRIMERIE DE L'ASSOCIATION OUVRIÈRE, P. FONTANA ET Cie

RUE D'ORLÉANS, 29

1889

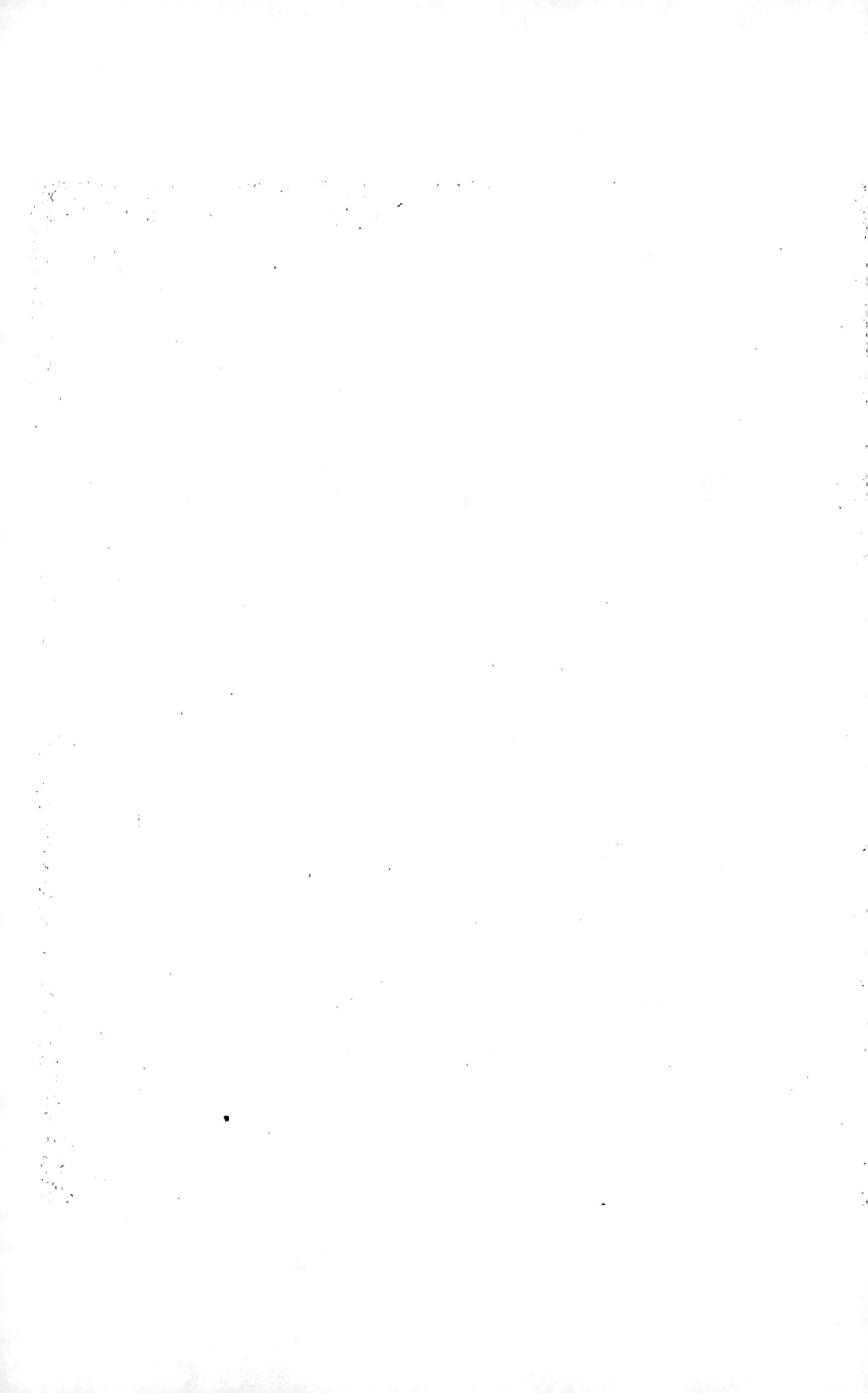

—

LES CÉPHALOPODES NÉOCOMIENS

DE LAMORICIÈRE

PAR

A. POMEL

PROFESSEUR DE GÉOLOGIE

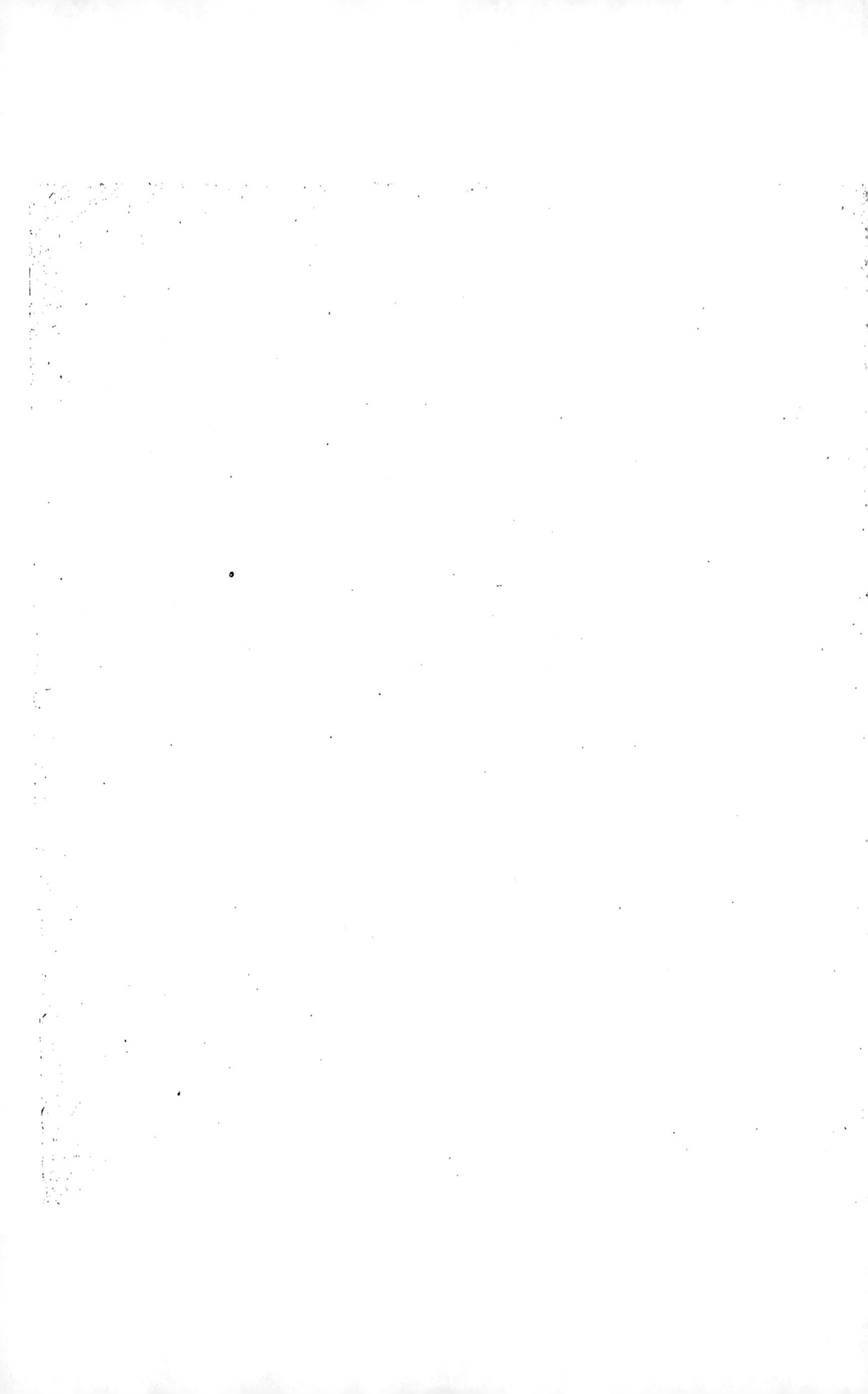

LES CÉPHALOPODES

DU GISEMENT NÉOCOMIEN

DE LAMORICIÈRE

(HADJAR-ROUM; KASBA DES OULED-MIMOUN)

HISTORIQUE

Cette monographie a pour objet la description des Céphalopodes d'un gisement néocomien, qui se trouve à un peu moins de 2 kilomètres à l'est du village de Lamoricière, appuyé contre le pied du massif calcaire qui borde au sud la vallée d'Aïn-Tellout.

On y accède par un chemin carrossable en partie, qui sort du village près du lavoir public et conduit aux ruines d'une forteresse en pisé, connue sous le nom de Kasba des Ouled Mimoun. Le centre lui-même de colonisation, au début de sa création, a porté le nom de . Village des Ouled-Mimoun, nom de la tribu indigène sur le territoire de laquelle il avait été fondé.

La découverte en est due à L. Ville, ingénieur des Mines, qui explorait la contrée à la fin de l'année 1850. Il en est en effet question dans la *Notice minéralogique sur les provinces d'Oran et d'Alger,* publiée par cet auteur en 1858. L'indication du gisement y figure sous le nom de Hadjar-Roum (pierre romaine), que les indigènes donnent à des ruines d'une importante cité romaine, touchant presque au côté sud du bourg moderne.

Les archéologues ont cru pendant longtemps que ces ruines représentaient la station des itinéraires dite Rubræ ou Ad Rubras ; mais de récentes découvertes épigraphiques ont permis d'établir qu'elles correspondaient à Altava. Hadjar-Roum était alors à peu près le seul nom de lieu un peu connu par lequel on put désigner le gisement, quoiqu'il en fut distant de près de 2 kilomètres et qu'en outre aucune trace du terrain dont il fait partie ne fut visible à son voisinage immédiat. Il eût été beaucoup plus exact toutefois de le désigner par le nom de Kasba des Ouled-Mimoun ; car il n'est en réalité séparé de la ruine ainsi désignée que par un ravin à cascades pittoresques. L'ancienne route muletière de Tlemcen à Sidi-bel-Abbès passait juste en ce point ; mais la route actuelle se maintient bien au-dessus sur les collines calcaires qui se prolongent jusqu'à Aïn-Tellout ; c'est là aussi que se développe le tracé du chemin de fer.

Ces indications de synonymie topographique ne sont pas sans utilité pour éviter toute confusion d'application de noms dans une région en voie de transformation profonde opérée par la colonisation et où, la tradition se perdant vite, il deviendrait difficile aux explorateurs futurs de se guider sûrement sans eux.

A la page 3 du livre cité plus haut, l'ingénieur Ville, après avoir signalé le développement des terrains jurassiques à l'ouest de Tlemcen, décrivait ainsi d'une façon très générale les caractères du terrain qu'il attribuait à la formation crétacée : « Le terrain crétacé inférieur a été observé à l'est de Tlemcen. Il paraît constituer une large bande parallèle au rivage de la mer et comprise entre les hauts plateaux au sud et la vaste plaine de Sidi-bel-Abbès et de l'Isser au Nord, et se compose essentiellement de couches de calcaires gris, compacts, très durs, dans lesquels sont intercalées des assises puissantes de dolomie et de quartzite et quelques bancs de marne schisteuse.

Nous verrons plus loin qu'il y a beaucoup à rectifier à ces généralités et surtout à cette idée de considérer comme jurassiques les terrains des régions situées à l'ouest de Tlemcen, et comme crétacés ceux des plateaux situés à l'est de la même ville. En réalité, les formations jurassiques se poursuivent bien plus loin à l'est et, dans la région même qui nous intéresse, elles prédominent et les formations crétacées n'y sont représentées que par des lambeaux. Ces erreurs s'expliquent par des analogies de faciès, des apparences de continuité et surtout par les conditions dans lesquelles se faisaient les premières reconnaissances géologiques dans des pays sans chemin, sans gîte, sans carte et souvent sans sécurité assurée.

Les fossiles énumérés par Ville, sous la rubrique d'Hadjar-Roum, sont :

> Belemnites latus Blainville;
> Nautilus pseudoelegans d'Orbigny ;
> Ammonites neocomiensis d'Orbigny ;
> Pleurotomaria neocomiensis d'Orbigny ;
> Natica prœlonga Deshayes ;
> Ostrea Couloni Defrance ;
> Ostrea macroptera Sowerby ;
> Terebratula prœlonga Deshayes ;
> Terebratula pseudojurensis Leymerie ;
> Terebratula neocomiensis d'Orbigny ;
> Toxaster complanatus Agassiz ;
> Dysaster ovulum Agassiz ;
> Discoïdea macropyga Agassiz ;
> Turbinolia conulus Michelin.

L'auteur cite ensuite quelques espèces à faciès jurassique qui rap-

pellent Ammonites lallierianus d'Orb. et Ammonites Duncani Sowerby, sans toutefois leur être identiques. Cette sorte d'anachronisme
l'étonne ; car après avoir fait remarquer qu'il faut considérer ces
espèces comme des « formes nouvelles dans le terrain crétacé », il
ajoute : « Les échantillons étant très frustres, il peut se faire encore
qu'ils n'aient pas été recueillis dans les lieux où ils ont vécu, et que
dès lors ils ne soient que des cailloux roulés arrachés au terrain jurassique. » Cette observation est juste en ce qui concerne l'origine
erratique de tout une série d'échantillons, dont font partie ceux signalés plus spécialement plus haut, quoi qu'il ne soit pas exact de les
considérer comme des cailloux roulés ; mais elle n'est pas fondée en
ce qui concerne leur provenance des formations jurassiques voisines.
Ces fossiles, en effet, proviennent encore d'un terrain de la série crétacée, mais toutefois d'un horizon inférieur à celui où ils sont actuellement renfermés.

En 1862, Coquand, dans sa *Géologie et paléontologie de la province
de Constantine*, a donné une énumération par étages des fossiles
trouvés jusqu'à cette époque dans l'Afrique française. Hadjar-Roum
y figure par :

DANS LE CALLOVIEN,

Belemnites latesulcatus d'Orbigny ;
Ammonites anceps Reinecke ;
Ammonites Duncani Sowerby ;
Ammonites Backeriæ Sowerby ;
Ammonites macrocephalus Schloteim ;
Ammonites tumidus Zieten ;
Ammonites coronatus Brugière ;

DANS L'OXFORDIEN,

Belemnites hastatus Blainville ;

Belemnites Coquandi d'Orbigny ;

Ostrea gregarea Sowerby ;

(Toutes ces espèces jurassiques sont citées comme se trouvant également à Gar-Rouban) ;

DANS LE NÉOCOMIEN,

Belemnites latus Blainville ;

Nautilus pseudoelegans d'Orbigny ;

Natica prœlonga Deshayes ;

Pleurotomaria neocomiensis d'Orbigny ;

Ostrea Couloni Defrance ;

Ostrea macroptera Sowerby ;

Terebratula pseudojurensis Leymerie ;

Terebratella neocomiensis d'Orbigny ;

Toxaster complanatus Agassiz ;

Collyrites ovulum d'Orbigny ;

Holectypus macropygus Desor ;

DANS LE BARÉMIEN,

Ostrea Leymeriei Deshayes.

Sans aucun doute possible, ces listes sont erronées, et quoique Coquand dise positivement, à la page 15 de son livre, qu'il a vu dans la collection Ville les fossiles de Hadjar-Roum et de Rouban, qu'il rapporte aux étages jurassiques, je suis obligé de récuser son témoignage, parce qu'il n'y a rien de commun entre ces deux gisements. Il y a eu nécessairement dans un examen rapide, soit une confusion entre des fossiles de faciès analogue, comme Ammonites macrocephalus et A. astierianus, soit mélange dans les mêmes tiroirs de la collection visitée d'échantillons provenant de ces deux localités. Il est du reste d'importance secondaire de déterminer l'origine et la cause de cette confusion ; il suffit de la signaler. Il n'y a pas de fossiles jurassiques déterminables dans le gisement dit de Hadjar-Roum ; il n'y en a même pas dans le vrai terrain jurassique du voisinage.

J'ai eu occasion à plusieurs reprises, soit dans mon Sahara, soit dans l'explication de la carte géologique provisoire de l'Algérie au $\frac{1}{800000}$, soit dans diverses notes publiées dans les comptes rendus de l'Association française pour l'avancement des sciences, de signaler le caractère tout particulier de la faune dont la description fait l'objet de ce mémoire.

STRATIGRAPHIE

—

I

Les ruines d'Altava, Hadjar-Roum, sont situées sur la rive droite de la rivière Isser, au point où sa haute vallée débouche du massif montagneux des Beni-Smiel, et sont assises sur un dépôt quaternaire caillouteux à sa base et travertineux à sa surface, qui repose sur le terrain jurassique. Le bourg de Lamoricière est installé en avant de la cité romaine, sur la plate-forme d'une longue et étroite colline comprise entre la vallée de l'oued Tellout et le profond ravin que l'oued Isser a creusé à partir de sa cascade, et cette plate-forme est constituée par les dépôts quaternaires caillouteux et travertineux, les premiers formant souvent des poudingues à la base et les seconds constituant l'assise de surface et se continuant avec les dépôts d'amont.

Sur la rive gauche de l'oued Isser s'étend une plaine unie, légèrement inclinée vers le nord, limitée vers l'ouest par le cours de l'oued Chouly, au delà duquel est le massif calcaire jurassique du Roumélia. Le même atterrissement quaternaire s'y développe sur toute la surface : mais il devient plus caillouteux et moins travertineux à mesure qu'il s'éloigne vers le nord et vers l'ouest.

A l'est et au voisinage immédiat de Lamoricière, le chemin qui descend à la Kasba des Ouled Mimoun longe le pied de falaises abruptes, accidentées de cavités et de massifs en surplomb, qui sont constituées par un travertin vacuoleux, moulé le plus souvent sur des débris vé-

gétaux, où je n'ai rien trouvé de déterminable. La direction de l'es-
carpement, l'altitude de sa plate-forme, conformes à ce que montre la
cascade de l'autre côté du plateau du village, indiquent que ces dépôts
concrétionnés reposent sur la falaise jurassique, qui ici aurait été
largement dénudée des dépôts plus récents, dont les traces, du reste,
s'il en est resté, sont totalement masquées par le travertin. En aval
de la route on remarque encore une plate-forme travertineuse, qui
constitue comme un gradin inférieur au bord duquel a été érigée la
Kasba. La puissance de ces dépôts et leur disposition indiquent l'ancienne existence d'une chute considérable, probablement formée par
l'Isser, qui depuis aurait peut-être obstrué son lit pour y substituer le
lit actuel à une époque bien antérieure à la fondation de la cité romaine, mais où cependant les sources avaient déjà perdu une grande
partie de leur volume et de leur richesse en carbonate incrustant. Il
serait difficile de comprendre comment cette énorme masse de concrétions aurait pu être constituée par des dépôts de petites sources
locales qui se seraient ensuite taries.

Ces sources de l'Isser sourdent à 6 kilomètres environ en amont
d'Altava, avec tous les caractères de sources vauclusiennes, et leur
gisement est dans la formation jurassique. L'abondanee des concrétions travertineuses dans l'atterrissement quaternaire, jusqu'à une
assez grande distance en aval de la cascade, indique que ces sources
devaient xeister dès l'origine de la période quaternaire ; car il n'est
pas douteux que ces concrétions ne doivent en provenir et qu'elles
étaient dès lors très incrustantes. La disposition des plates-formes
quaternaires dans les vallées de l'Isser et de.Tellout indique que les
érosions auxquelles sont dues ces gouttières profondes sont postérieures à leur formation primitivement continue et que la constitu-
tion des falaises travertineuses appartient à la phase qui a suivi ces
érosions. phase récente par conséquent, mais tombant encore dans
les temps quaternaires.

La succession des phases de ces formations quaternaires locales peut s'établir ainsi :

1° Formation des atterrissements et des travertins quaternaires couvrant la plaine d'entre Isser et Chouly ;

2° Ravinement et affouillement de la vallée de Tellout ;

3° Formation des travertins des falaises de l'est de Lamoricière par d'anciennes cascades ;

4° Affouillement du fossé où coule actuellement l'Isser, à partir de sa cascade, et cessation du dépôt travertineux des falaises de l'est.

5° Régime climatérique actuel.

II

Le substratum de ces dépôts quaternaires est constitué par une puissante formation de marnes et d'argiles avec quelques alternances gréseuses et de minces intercalations de lignite, dans lequel se trouvent des coquilles fossiles d'eau douce plus ou moins déformées et spécifiquement indéterminables. Toutes ces assises ont une légère inclinaison vers le nord, conforme à la déclivité du sol, et elles viennent s'appuyer vers le sud contre les calcaires jurassiques, plus ou moins disposés en falaise, ainsi que le montre la cascade, où l'on peut se rendre compte des relations stratigraphiques des œux terrains. On y voit, en effet, les bancs calcaires légèrement inclinés vers le nord un peu ouest montrer leurs tranches contre lesquelles se termine la formation argileuse en s'y appuyant. L'emplacement de la cascade, s'alignant sur les dernières pentes du massif montagneux jurassique, trace les limites du bassin, où se sont déposées les formations ligniteuses. Celles-ci présentent tous les caractères de dépôts d'estuaire ; mais un peu plus au nord, elles accentuent leur origine marine par la présence de l'Ostrea crassissima ; ces couches sont donc miocènes de l'étage helvétien; elles appartiennent et se lient directement à cette vaste et puissante formation qui joue le principal rôle dans le Tell des provinces d'Oran et d'Alger. Les lits de lignite découverts par l'ingénieur Ville ont été l'objet de quelques travaux de recherches qui ont été négatifs pour leur valeur industrielle.

Ces argiles et marnes helvétiennes s'étendent vers le nord-est au delà de la vallée de l'oued Tellout et vers l'est on les voit encore s'appuyer près de la source de ce nom contre les calcaires jurassiques et disparaître au delà sous les atterrissements quaternaires qui masquent leur relation avec la formation nummulitique de la chaîne de montagne qui limite au nord-est le grand bassin de l'Isser.

III

C'est tout près de la limite orientale de la falaise travertineuse marquée par un ravin que se trouve le lambeau de terrain crétacé, objet de cette étude. C'est un véritable lambeau, car il n'occupe pas plus d'un hectare de surface au pied du massif calcaire jurassique, contre lequel il se relève sous un angle de 25°, avec une direction ouest-est magnétique. Du côté opposé vers le nord, il semble passer au-dessous des argiles helvétiennes, qui dans la plaine sont plus ou moins masquées par les cultures et les atterrissements, mais que l'on retrouve un peu plus loin à l'est, jusqu'à Aïn-Tellout, appliquées contre la falaise jurassique et sans interposition de la formation crétacée. Ces marnes ne présentent, du reste, de différence avec celles de la grande érosion de l'Isser que l'absence des lits de lignite, indiquant qu'on se trouve déjà dans ce point en dehors de l'ancien estuaire tertiaire.

Quant au lambeau néocomien lui-même, les dénudations de sa surface et les terrassements du chemin, qui serpente au pied des pentes, permettent d'étudier sa structure. Il est principalement formé par des argiles verdâtres, schisteuses, se délitant en petites esquilles feuilletées, entrecoupées d'un certain nombre de lits durs, gréseux ou gréso-calcaires, en général minces, sous forme de plaquettes, mais quelques-unes atteignant 1 à 2 décimètres d'épaisseur. Voici le détail de la coupe relevée de haut en bas.

Petit lit gréseux discontinu.......	1 à 3 cent.	
Argile verte homogène	1^m45	1^m50
Lit gréseux semblable....................	1 à 3 cent.	
Alternances de plaquettes et de lits de marnes et de grès ayant une légère teinte violacée.....................		1^m00
Argile gréseuse jaunâtre............................		0^m50
Argile verte homogène..............................		1^m50
Argile verte séparée de la précédente par un lit quartzeux de quelques centimètres...........................		10^m00
Petit banc gréso-caleaire très fossilifère mais empâtant fortement les fossiles, de 1 à 3^{dm}......................		0^m20
Argile verte, devenant un peu gréseuse au contact du banc supérieur où elle contient des fossiles plus faciles à extraire. Elle présente en outre deux intercallations de lits gréso-calcaires grumeleux aussi fossilifères...........		8^m00
Grès argileux gris de.......... 1 à 2 décim.		
Argile verte schisteuse....... 1^m35		
Grès argileux de............. 1 à 2 décim.	ensemble..	3^m30
Argile verte schisteuse .... 1^m40		
Grès parfois un peu feuilleté avec empreintes variant de....... 1 à 3 décim.		
Argile verte avec plaquettes de grès, en partie invisibles à la base, environ.....................................		3^m00
TOTAL................		29^m00

Le contact direct avec le substratum est plus ou moins masqué par les éboulis ou par la végétation broussailleuse. Mais ce substratum se montre à un voisinage si immédiat qu'il ne peut y avoir d'erreur importante dans l'estimation ci-dessus. Tout au plus l'épaisseur totale peut-elle atteindre une trentaine de mètres. La composition des autres lambeaux néocomiens voisins, qui sera indiquée plus loin, témoigne que celui-ci est en quelque sorte réduit à une très faible partie des assises inférieures de la formation.

Les fossiles semblent concentrés dans la partie moyenne de cette série inférieure, où ils occupent surtout un mince horizon gréseux, au-dessous duquel on en trouve deux autres tout à fait secondaires. Si je m'en rapporte à mes observations personnelles, il ne me paraît pas en exister dans les autres lits ; il est vrai que les échantillons visibles en place sont devenus assez rares maintenant et que je n'ai pas de renseignements sur la place exacte où ont été trouvés la plupart de ceux que j'ai étudiés. Ils peuvent être divisés en deux catégories assez distinctes. Les uns, appartenant à des classes d'invertébrés sédentaires, ont eu leur habitat sur la place même où on les trouve : ils ne sont pas très abondants. Quelques gastéropodes et acéphales, des brachiopodes et bryozoaires, de rares échinides et coralliaires constituent cette faunule, qui peut être considérée comme fournissant le véritable criterium paléontologique pour la détermination de l'âge de la formation.

Voici la liste qui en a été donnée :

Natica prœlonga Deshayes (moule),
Pleurotomaria neocomiensis d'Orbigny.
Ostrea Couloni Defrance,
Ostrea macroptera Sowerby,
Ostrea Leymeriei Deshayes.
Terebratula prœlonga Deshayes,
Terebratula pseudojurensis Leymerie,

Terebratella neocomiensis d'Orbigny,
Toxaster complanatus Agassiz,
Dysaster ovulum Agassiz,
Holectypus macropygus Agassiz,
Turbinolia conulus Michelin.

Les acéphales et les bryozoaires n'ont pas été déterminés. Il y aurait en outre à ajouter à cette liste un certain nombre d'autres espèces que je me promets de faire connaître plus tard dans une monographie du néocomien de l'Algérie.

Il y a un certain nombre de rectifications et des réserves à faire à ces déterminations :

Natica prœlonga est déterminé d'après un moule déformé et dont l'assimilation est au moins très douteuse.

Pleurotomaria neocomiensis ne paraît pas se rapporter à cette espèce ; je le considère plutôt comme un type affine, en différant surtout par sa carène plus aiguë.

Terebratella neocomiensis est bien voisin, de cette espèce ; mais elle s'en distingue par une disposition particulière de ses côtes.

Toxaster complanatus : l'oursin auquel on a appliqué ce nom en diffère par la structure de son apex et a été nommé Toxaster africanus (Gauthier sp.). Toutefois, il me paraît avoir la même signification stratigraphique, et sa large dispersion géographique en Berbérie le rend précieux à cet égard.

Dysaster ovulum est peut-être bien nommé : mais les exemplaires en sont trop mal conservés pour qu'on puisse l'affirmer ; en tout cas il doit en être très voisin.

Turbinolia conulus est certainement mal nommé. C'est un Thecocyathus d'espèce particulière.

Ostrea macroptera n'est pas l'espèce de Sowerby, mais celle de d'Orbigny, qui est synonyme de Ostrea rectangularis Rœmer.

Il reste, après ces rectifications, un groupe d'espèces dont la signification paléontologique ne peut être douteuse. Ostrea Couloni et Ostrea rectangularis, Terebratula prœlonga, Holectypus macropygus, espèces assez communes pour être considérées comme des dominantes de la faune, appartiennent à l'étage néocomien proprement dit, et les autres à détermination encore douteuse ne contredisent pas cette indication.

On pourrait en déduire que Belemnites latus, dont plusieurs exemplaires, par leur mode de conservation, ne paraissent pas venir de loin ni d'autre terrain, joue le même rôle que les précédentes. Mais c'est une espèce à plus large distribution géologique que celle-ci, car elle s'étend des couches les plus inférieures jusqu'à celles qui renferment Heteraster oblongus, du moins en Algérie ; elle n'a donc qu'une maigre valeur comme élément de détermination d'un horizon spécial dans cette série.

L'autre catégorie comprend des mollusques pélagiques dont les coquilles peuvent avoir été transportées de loin par les courants avant de s'échouer là où on les trouve actuellement. Leur importance est considérable aussi au point de vue de la chronologie des faunes fossiles ; parce que l'existence de ces espèces échappe en raison de leur genre de vie aux influences locales et que par leur vaste dispersion géographique elles peuvent servir de lien pour rattacher des faunules dissociées. Cependant ici nous sommes en présence de faits contradictoires qui constituent précisément toute l'originalité de ce singulier gisement. Parmi ces espèces il en est qui certainement ont la même date géologique que les sédentaires qui leur sont associées. Celles-là sont représentées par des exemplaires plus complets, dont le moule est de même nature que la gangue qui les contient. D'autres, souvent représentées par des exemplaires mutilés, ou incomplets, sont des moules formés d'une roche différente de leur gangue, qui montrent tous les caractères de sujets déjà fossilisés lors de leur inclusion dans les couches qui les renferment aujourd'hui. En effet, ils sont couverts sur leur surface, comme sur les fractures et les anfractuosités de corrosion de leur moule, de serpules, de bryozoaires, de thécidés qui s'y sont certainement fixés sur des surfaces solidifiées par la fossilisation, et même déjà altérées par leur exposition aux agents extérieurs. Ces espèces, ainsi que nous le verrons plus loin, proviennent pour la plupart de dépôts crétacés plus anciens, et beaucoup sont, sans conteste possible, identiques à celles qui caractérisent l'horizon de Berrias et qui ont été si bien étudiées par Pictet. C'est certainement cette apparence de fossile remanié qui avait frappé Ville et lui avait suggéré l'idée qu'il ne serait pas impossible qu'ils eussent été enlevés à la formation jurassique et transportés dans la craie inférieure comme de simples cailloux. Nautilus Malbosi Pict., Ammonites berriasensis Pict., A. Liebigi Oppel, A. Euthymi Pict, A. Malbosi Pict. sont dans ce cas, ainsi que certains autres de types voisins mais non identiques, dont on trouvera plus loin les descriptions et qui certainement ont appartenu à la faune de Berrias. Telle autre espèce, comme A. astierianus, s'y présente sous les deux états et confirme la large dispersion géologique de l'espèce, déjà constatée en France.

Parmi les espèces citées à Hadjar-Roum comme jurassiques, se trouve une prétendue Ostrea gregarea, que j'ai en effet retrouvée dans la collection du Service des Mines. Mais cet O. gregarea rappelle les échantillons figurés sous ce nom par Sowerby comme venant du grès vert, et fort peu celui du jurassique du Wiltshire, auquel on a conservé le nom spécifique; je ne connais pas d'espèce néocomienne à laquelle on puisse la rapporter. J'examinerai plus tard s'il n'y a pas lieu de lui appliquer un nom nouveau.

Quant aux espèces de l'étage kellovien citées comme provenant d'Hadjar-Roum par Coquand, je n'en ai trouvé aucune trace ; elles sont représentées dans la collection des Mines par des exemplaires venant de Gar-Rouban, ou même de France, mais aucun ne porte le cachet si net, si reconnaissable du gisement de la Kasba des Ouled-Mimoun. D'autres en proviennent qui portent les étiquettes de Ammonites anceps et Ammonites Duncani, et peut-être une autre dont l'étiquette paraît avoir été détachée, portant le nom de Ammonites macrophacelus. Or, la première est représentée par deux fragments volumineux d'une vieille Ammonites astierianus, dont les côtes sont plus ou moins effacées, surtout sur le pourtour, et dont les tubercules ombilicaux sont tout autrement placés que dans Ammonites anceps. La seconde appartient aux Ammonites ·isaris, A. rarefurcatus et A. privasensis confondus et ayant une toute autre disposition de côtes et de tubercules vers la région siphonale que Ammonites Duncani. La troisième est une jeune Ammonites astierianus du type renflé.

Il faut donc considérer comme erronées les indications de Coquand résultant d'un examen trop rapide d'échantillons en mauvais état provenant de localités diverses et mêlés ensemble. Il ne peut en être autrement puisque les gisements jurassiques ayant fourni des Ammonites sont situés à de très grandes distances : Beni-Snous, à environ 60 kilomètres à l'ouest un peu sud, et Saïda à plus de 100 kilomètres à l'est. Il n'y en a aucune trace aux environs immédiats.

La constatation de l'existence à l'état erratique de fossiles de l'horizon de Berrias dans des couches, qui paraissent représenter l'horizon de Hauterive, soulève la question de l'origine de ces fossiles remaniés. La contrée a été explorée avec trop de soin et de détail par M. Pouyanne, mon codirecteur, pour laisser supposer qu'un lambeau un peu étendu de ce néocomien inférieur ait pu lui échapper, et il n'a rien trouvé à lui rapporter. Dans mes explorations personnelles je n'ai pas été plus heureux. Le terrain néocomien se retrouve cependant en deux points qui ne sont pas trop éloignés de Lamoricière. L'un d'eux est situé près du marabout de Si-Hamza, à 12 kilomètres à l'ouest de la Kasbah des Ouled-Mimoun, sur un sommet relativement élevé ; il consiste en marnes et argiles avec quelques alternances gréseuses qui deviennent dominantes vers le haut ; Toxaster africanus, Montlivaltia neocomiensis ? (trouvé également à la Kasbah), Terebratula prœlonga et Ostrea Couloni indiquent le même horizon. Le substratum est formé par des calcaires absolument semblables à ceux qui supportent le gisement de la Kasbah ; ici aucune trace de ces fossiles de l'horizon de Berrias ; l'autre point est situé au sud-est, au lieu dit Aïn-Requisa, à environ 8 kilomètres, et avec un assez gros massif jurassique interposé. La couche inférieure est également argileuse, avec Toxaster africanus, Ostrea Couloni, et est surmontée d'une série de bancs alternants de grès et d'argiles, où se montrent des polypiers, Terebratula sella, Pseudocidaris clunifera ; puis au-dessus viennent des calcaires blancs assez pauvres en fossiles, qui rappellent ceux de Daya à Heteraster oblongus, c'est-à-dire urgoniens. Le néocomien vrai semble s'être poursuivi dans la direction du sud-ouest jusqu'à Sebdou, où les couches marneuses sont atrophiées, et les intercallations calcaires et gréseuses contiennent des polypiers en récif, avec de grosses natices, le Toxaster africanus et le Pseudocidaris clunifera, qu'on avait pris pour *Cidaris ovifera*, d'où est résultée la constatation erronée du terrain jurassique. Le calcaire jurassique cependant forme bien encore ici le substratum ; mais il est extrèmement pauvre en fossiles, le plus souvent indéterminables.

Le lambeau néocomien se prolonge vers l'est du côté de Aïn-Tatfamam et de Aïn-Guelmam, jusqu'auprès de la Mékéra, où il s'arrête buttant par faille contre les calcaires jurassiques à Natica hemisphœrica, pour reparaître dans la vallée de Ténira. Il est représenté là par des couches à Terebratula sella, Pseudocidaris clunifera, Pholadomia elongata, superposées à d'autres plus marneuses à Toxaster africanus et Ostrea Couloni. Il n'y a pas de représentant de la faune de Berrias.

Il faut encore traverser un autre massif jurassique, dans lequel s'ouvre la vallée du Slissen, pour retrouver au sud un quatrième lambeau de néocomien, mais celui-là plus considérable, commençant presque par les couches à polypiers et à Pseudocidaris clunifera, se poursuivant à partir du Telagh et de Magenta par des grès alternant avec des argiles sur une épaisseur de plus de 300ᵐ et couronnés par les calcaires blancs à Heteraster oblongus de Daya et du Beguirat.

Donc, s'il existe quelque lambeau de la formation qui renferme les fossiles de Berrias, il ne pourrait se trouver que dans la région qui, au nord, est recouverte par les terrains tertiaires. On peut affirmer, après les recherches opérées, qu'il ne peut pas s'en trouver dans le massif secondaire de la région. D'une autre part, l'état des fossiles erratiques n'est pas à proprement parler celui d'un caillou roulé, et rien dans le terrain où ils gisent actuellement ne témoigne d'un transport alluvionnaire ; beaucoup d'entre eux sont incomplets, souvent détruits sur une de leurs faces où la matière du moule est comme corrodée et noduleuse ; mais aucune surface n'est roulée ni usée par le transport en commun avec des matériaux détritiques. Il semblerait plutôt que ces fossiles aient été presque sur place délayés d'une gangue argileuse ou marneuse pour être mis à nu au fond de la mer, de manière à permettre aux animaux encroutants de s'y fixer, comme ils l'ont également fait sur les débris non encore fossilisés des espèces ayant vécu sur place.

Peut-être faut-il admettre qu'il y a un exemple de ce phénomène singulier, constaté par les études récentes des fonds des mers, et qui consiste en ce que certains de ces fonds ne reçoivent que des sédiments insignifiants plus ou moins analogues à la glauconie et sont couverts de débris fossilisés, presque libres, appartenant parfois à plusieurs époques successives. Ces fossiles se seraient trouvés tout naturellement mêlés aux espèces propres à la formation sédimentaire, que des changements dans les conditions générales ont permis plus tard de se constituer. Mais dans ce cas, pourquoi le mélange s'opère-t-il non à la base de la nouvelle série sédimentaire, mais à une certaine élévation et au milieu d'un ensemble homogène, dont la nature indique un phénomène de sédimentation tranquille ? Quoi qu'il en soit, de la difficulté d'expliquer le processus de ce singulier mélange, on ne peut révoquer en doute son existence.

IV

Le substratum du néocomien est constitué par une puissante formation de calcaires compacts, bien lités en bancs de 0ᵐ 50 à 1ᵐ et plus, montrant quelques intercalations de bancs plus marneux. L'inclinaison des couches est peu différente de celle des assises néocomiennes, et leur direction est assez peu différente pour que la légère discordance qui en résulte soit assez difficile à apprécier en raison de l'exiguïté du lambeau crétacé. Cette série est très homogène et très puissante : plusieurs centaines de mètres. Sa direction varie un peu et se relève plus ou moins vers le nord de l'est. Elle règne de l'oued Chouly à Tellout, en formant le revers septentrional de la chaîne par ses couches inclinées ; vers le sud, elle s'appuie sur une puissante formation de grès également relevé et constituant les sommets du massif des Beni-Smiel, au moins sur le côté de la vallée du haut Isser.

Ces grès sont identiques à ceux des escarpements de Tlemcen, dans lesquels existent des lentilles calcaires contenant la faune corallienne, mollusques, oursins et polypiers : Ceromya excentrica à Mansoura-Tlemcen, Glypticus hierogliphycus et autres à Maghrnia. Leur épaisseur est de plusieurs centaines de mètres. Le substratum de ces grès n'est visible qu'à de grandes distances de Lamoricière ; il faut aller le chercher d'un côté chez les Beni-Snous et de l'autre dans la Yagoubia. Je n'ai pas à m'en occuper ici autrement que pour répéter que c'est par erreur et confusion qu'un certain nombre des espèces de ces horizons inférieurs, oxfordien et kellovien, ont été signalés comme se trouvant chez les Ouled-Mimoun et pays avoisinants. La continuité des grès de Tlemcen avec ceux des Beni-Smiel établit nettement l'âge de ces derniers.

Pour l'âge des calcaires, la question est plus délicate. Ils sont certainement contemporains également de ceux qui dans la région de Tlemcen et de Sebdou couronnent les grands massifs et prennent aussi une part importante à la construction des grands escarpements de la région : sur de grandes étendues, ils sont tout à fait dolomitiques, mais leur relation par continuité ne peut être douteuse et suffit pour les faire identifier. De nombreux témoignages du caractère épigénique de ces dolomies peuvent être recueillis, surtout maintenant, dans les tranchées ouvertes pour les voies ferrées, et il n'est pas rare de voir la nature de la roche brusquement contrastante au passage de failles. Ces dolomies ne sont pas ou très peu développées au voisinage de Lamoricière ; les calcaires durs, gris, y forment une demi-ceinture qui comprend le massif du Roumélia au nord-est, celui des Beni-Smiel et Ouled-Mimoun, dont il a été question plus haut, jusqu'à Aïn-Tellout, où elle est interrompue pour reparaître bien plus à l'est dans le djebel Oum-el-Aksa, qui encadre au nord le terrain néocomien d'Aïn-Guelmam ; c'est tout cet ensemble que Ville considérait comme crétacé.

La faune de ces calcaires est très imparfaitement connue et excessivement pauvre. J'ai recueilli personnellement Natica hemisphœrica et un Mytilus peu déterminable au Roumélia ; au djebel Oum-el-Aksa, un Ostrea gregarea et des débris de spongiaires et de bryozoaires tubulinés. M. Brevet, sur le plateau de Terni, au-dessus de Tlemcen, a recueilli quelques autres fossiles, entre autres un petit oursin que je ne saurais différencier de Pseudodiadema florescens et un Pteroceras à déterminer. Ailleurs on trouve des nérinées qui paraissent nouvelles ou sont presque indéterminables. Au-dessus du lambeau néocomien de la Kasba on observe quelques blocs volumineux sporadiques de calcaire assez fortement corrodé et très rugueux à la surface et qui montrent en saillie de nombreux fragments de coquilles, parmi lesquelles on croirait reconnaître des Chamacées, absolument indéterminables et impossible à extraire. Ce pourraient être aussi bien des Diceras que des Caprotines. Ces blocs paraissent éboulés des parties supérieures occupées par les calcaires jurassiques ; mais je n'ai pas su les y retrouver ; ils pourraient également avoir fait partie d'une couche supérieure aux assises néocomiennes et qui aurait été démantelée, mais cette origine est moins probable que l'autre. Quoi qu'il en soit, il n'en résulte aucun renseignement nouveau ; on ne peut que signaler le fait comme méritant de fixer l'attention des futurs visiteurs de ce gisement.

Ces documents paléontologiques sont beaucoup trop insuffisants pour fixer l'horizon stratigraphique de ces calcaires. Ils m'ont toujours paru représenter le calcaire à Astarte. C'est le rang que leur assigne leur superposition au vrai corallien, et celui-ci est si homogène et si indivisible lithologiquement qu'il ne me paraît pas possible d'interpréter autrement leur signification. Le Kimmeridien à Gryphea virgula n'aurait pas de représentant dans cette région. Je dois observer que les nouvelles études sur les formations coralliennes du Jura et les modifications qu'elles ont nécessitées dans la classification ancienne doivent rendre très circonspect dans les synchronisations de détail qu'on pourrait proposer pour cet ensemble si simple en apparence, si complexe en réalité et compliqué encore ici par des caractères lithologiques tout à fait insolites.

En résumé, une puissante formation gréseuse à la base, calcaire en haut et paraissant correspondre au terrain corallien dans la plus large acception de cette entité stratigraphique, constitue l'ossature du massif montagneux de la région.

Quelques lambeaux de terrain néocomien, correspondant à cet horizon proprement dit pour les assises inférieures et pouvant aller jusque vers les assises à Heteraster oblongus, sont éparpillés sur le jurassique.

L'un d'eux, le plus réduit, renferme des espèces qui y sont arrivées déjà fossiles et représentent l'horizon paléontologique plus ancien de Berrias. On ne sait point d'où peuvent provenir ces espèces.

Ce lambeau passe sous le terrain helvétien qui prend le caractère de dépôt d'estuaire à lignite.

Le terrain quaternaire, remarquable par ses travertins et ses vastes atterrissements, clôt la série.

PALÉONTOLOGIE

Je donne ici la description et la figure de toutes les espèces de Céphalopodes qui ont été trouvées dans le gisement de la Kasba des Ouled-Mimoun et qui sont arrivées à ma connaissance. Je dois ajouter qu'il ne sera question dans cette monographie d'aucun fossile provenant d'un autre gisement algérien, si ce n'est à titre de comparaison. Il en résulte que je n'ai pas cru utile de répéter après chaque description l'indication du gisement, qui est identique pour toutes les espèces.

Toutes les espèces ont été figurées de grandeur naturelle, et les détails de la structure cloisonnaire, en général, au double de leur grandeur ou augmentés de moitié.

BELEMNITES LATUS Blainv.

Pl. I, fig. 1 à 3.

BELEMNITES LATUS d'Orbigny, *Pal. franç.*, Terrains crétacés, T. I, page 48, Pl. IV, fig. 1 à 8. — Pictet, *Berrias*, page 53, Pl. VIII, fig. 1. — Pictet, *Etude provisoire des fossiles de la Porte-de-France, d'Aizy et de Lémenc,* page 216, Pl. XXXVI, fig. 1 et 2.

Longueur	0^m100
Plus grande épaisseur	0 018
Plus grande hauteur	0 024
Plus petite épaisseur	0 012
Plus petite hauteur	0 016

Rostre trapu en forme de massue comprimée par le côté, assez obtus mais mucroné par une pointe excentrique du côté ventral, paraissant s'élargir sensiblement au-dessus de la contraction, qui est bien plus sensible vue de face que vue de profil et plus étendue. Le bord ventral du côté supérieur est en outre comme pincé latéralement en forme de grosse côte portant le sillon. Celui-ci est très accusé, à bord anguleux et s'étend jusqu'à une faible distance de l'extrémité. On ne voit aucune trace de sillon ou de nervure sur les côtés. Cette description s'applique à un sujet de grande taille, adulte. On en trouve dans le même gisement d'autres plus jeunes, plus petits et dont l'épaississement en massue et la compression est moindre, quoique très caractérisée encore. Dans l'un d'eux, représenté fig. 2, cassé par le milieu, l'alvéole du phragmocône a un angle de 16° et une longueur de 0,038 pour une longueur de rostre de 0,074. La plus grande largeur de cet exemplaire est de 0,014 et la plus petite de 0,012.

Notre grand exemplaire est beaucoup plus rétréci au-dessus du milieu que ne le sont ordinairement les sujets typiques, ou pour mieux dire il a plus de tendance à s'élargir de nouveau vers le sommet. Le petit exemplaire montre également une alvéole à angle moins ouvert, 16° au lieu de 20°, mais la première différence s'atténue beaucoup dans les sujets jeunes et la seconde n'a peut-être pas une grande importance. L'attribution au B. latus ne me paraît pas suffisamment contre-indiquée, d'autant plus que l'on ne voit aucune autre espèce à laquelle notre fossile pourrait être rapporté.

Les échantillons de ce type ne sont pas rares dans le gisement de la Kasba des Ouled-Mimoun.

L'espèce paraît remonter dans la série néocomienne jusqu'auprès des couches à Heteraster oblongus, près de Téniet-el-Haad.

NAUTILUS ALTAVENSIS

Pl. I, fig. 4 à 6.

Grand diamètre (incomplet)........	$0^m 115$
Petit diamètre au retour de la spire..	0 078
Largeur de l'ouverture...........	0 083
Hauteur du dernier tour..........	0 070
Largeur de l'ombilic.............	0 011

Coquille subglobuleuse épaisse, assez largement ombiliquée, à convexité presque régulière, mais sensiblement déprimée au pourtour. Surface entièrement couverte de sillons bien marqués limitant des côtes arrondies, flexueuses au voisinage du pourtour qu'elles traversent en formant une courbe régulière, dont la concavité regarde la bouche, légèrement arquées sur les flancs jusqu'à l'ombilic vers lequel elles s'atténuent insensiblement. Ouverture en croissant, plus large que haute, à angles largement tronqués. Cloisons peu serrées, 15 à 16 par tour, peu flexueuses, à ligne suturale arrivant peu obliquement sur le pourtour. Siphon grand, placé aux 3/8 du côté du retour de la spire, contre laquelle est quelquefois une petite fossette dans les jeunes.

Ce Nautile m'a paru devoir former une espèce particulière. Par son ombilic assez ouvert, par ses sillons fortement marqués même dans le jeune âge, il ressemble à Nautilus neocomiensis ; mais il en diffère notablement par son ouverture plus large que haute et non plus haute que large, par sa forme bien plus épaisse et globuleuse, par ses sillons à sinus plus marqués sur le pourtour, par ses cloisons plus nombreuses, à suture plus oblique à la surface ventrale, par son siphon un peu plus rapproché du retour de la spire, etc.

Nautilus radiatus, qui a aussi un ombilic assez grand, est presque aussi épais et a ses cloisons presque aussi espacées ; mais il en difïère par ses sillons moins profonds, plus flexueux, et formant sur la convexité ventrale un sinus bien plus marqué et presque anguleux. Sa bouche n'est pas plus large que haute et le siphon est plus rapproché du retour de la spire. Je le crois plus éloigné de notre fossile que le N. neocomiensis. Nautilus neckerianus, en outre du sinus plus marqué des côtes sur le pourtour, a l'ombilic plus étroit et le siphon plus rapproché du bord extérieur.

La présence d'un assez large ombilic éloigne de la comparaison Nautilus pseudoclegans et N. elegans, dont les côtes du reste ne paraissent qu'assez tard. Nautilus Albensis a au contraire un ombilic bien plus étroit et ses côtes s'effacent sur les flancs sur les sujets adultes. Notre fossile se rapproche donc le plus d'une espèce néocomienne ; mais cette espèce se trouve habituellement dans une zone plus élevée de la série.

C'est probablement l'espèce qui a été citée sous le nom de Nautilus pseudoclegans, que je n'ai pas observé dans ce gisement.

NAUTILUS BOISSIERI Pictet.

Pl. XIII, fig. 6 à 8.

NAUTILUS BOISSIERI Pictet, *Etudes paleont. sur Berrias,* page 53. Pl. VIII, fig. 4.

Grand diamètre..................	0ᵐ 210
Hauteur du dernier tour...........	0 130
Plus grande largeur	0 128
Largeur de l'ombilic..............	0 008

Coquille globuleuse atteignant une grande taille, de croissance rapide, à ouverture presque aussi haute que large, un peu ovalaire, très convexe extérieurement, à ombilic étroit. Surface sans traces d'ornements. Cloisons assez nombreuses, de 10 à 11 pour un demi-tour, assez peu concaves, à ligne de suture légèrement flexueuse en S, un peu plus fortement près de l'ombilic, très peu oblique sur la région ventrale, qu'elle traverse en s'arrondissant un peu en avant. Siphon paraissant central.

Ce Nautile est malheureusement en assez mauvais état de conservation pour être déterminé sans quelque réserve, et les figures que j'en donne sont un peu schématiques. Il m'a paru pouvoir être rapporté provisoirement à Nautilus Boissieri, dont il a les nombreuses cloisons, le petit ombilic, l'ouverture ovalaire, etc. Il en diffère toutefois en ce que cette ouverture est plus large et moins allongée, que les sutures cloisonnaires sont un peu plus sinueuses et dirigées plus obliquement vers la région ventrale. La coquille est plus globuleuse et de plus grande taille. A la vérité, on ne connaît pas la limite de l'accroissement du type de Berrias. Jusqu'à plus ample informé, il ne me paraît pas devoir en être distingué. La forme extérieure rappelle assez Nautilus clementinus du Gault, mais il est plus épais et son siphon est plus central. L'absence de côtes le distingue des Nautilus altavensis et pseudoelegans, qui sont en outre beaucoup plus globuleux, et de Nautilus neocomiensis qui l'est beaucoup moins. Nautilus Euthymi Pictet a son ouverture plus ovalaire et son ombilic beaucoup plus étendu.

NAUTILUS MALBOSII Pictet.

Pl. XIII, fig. 1 à 5.

NAUTILUS MALBOSII Pictet, *Etudes paléont. sur Berrias*, page 60. Pl. IX, fig. 2 et 3.
NAUTILUS SEXCARINATUS Pictet *loc. cit.*, page 62. Pl. X, fig. 1.

Grand diamètre	0ᵐ095
Petit diamètre au retour de la spire	0 055
Largeur de l'ouverture	0 036
Hauteur du dernier tour	0 057
Largeur de l'ombilic	0 005

Coquille discoïdale assez épaisse, étroitement ombiliquée, très obtusément arrondie et comme tronquée au pourtour extérieur avec les angles arrondis, aplanie sur les flancs, mais convexe et comme un peu gonflée du côté de l'ombilic. Ouverture cordiforme oblongue, un peu rétrécie du côté extérieur qui est presque tronqué, avec les lobes ombilicaux fortement arrondis. Siphon assez rapproché du bord extérieur. Sutures cloisonnaires fortement sinueuses, au nombre de treize à quatorze au dernier tour, formant à partir de l'ombilic une selle très saillante arrondie, puis un lobe médian large et très prolongé en arrière en courbe subogivale. La ligne se continue très oblique vers le côté extérieur pour y former une selle ventrale très proéminente, et, en traversant le pourtour, elle s'arque en une sinuosité à faible concavité ouverte en avant. La cloison elle-même, fortement concave suivant le diamètre (15^{mm} de flèche pour 40^{mm} de corde), l'est très peu transversalement, sauf entre les selles latérales, qui sont constituées par une sorte de lame amincie et très élevée.

Le pourtour extérieur de notre principal exemplaire est uni sur presque toute son étendue ; mais sur la dernière loge il montre quelques traces évidentes de côtes longitudinales, séparées par des sillons au moins aussi larges et dont un paraît être médian. Ces côtes appartiennent au test et à sa surface extérieure, ne laissant aucune trace sur le moule interne.

Elles ne peuvent être comptées sûrement sur ce sujet. Un autre exemplaire incomplet, plus jeune et n'ayant que cinq centimètres de diamètre (fig. 4), nous présente sur une assez grande étendue des côtes assez bien conservées. Elles sont arrondies, assez grêles, séparées par des sillons un peu plus larges qu'elles, assez creux, dont un est certainement médian. On compte sept de ces sillons, mais les deux latéraux sont plus étroits et placés sur la retombée des flancs ; en sorte qu'il y a huit côtes dont les latérales sont moins marquées et plus grêles que les médianes. Ces côtes ne peuvent être qualifiées de carènes ; par leur arête obtuse et arrondie ce sont de véritables côtes.

Sur ce sujet on reconnaît que le test enlevé ne laisse sur le moule interne aucune trace de cet ornement, qui est par conséquent superficiel. Je représente, fig. 5, un fragment de la région ventrale de la dernière loge, puisqu'il n'y a pas de cloisons, et qui malgré son état mutilé montre assez bien la structure de ces côtes fortement arrondies entre des sillons à fond presque plat : mais ici il paraît y avoir un sillon et une côte de plus sur la déclivité vers les flancs, et il y a même encore en dehors une ondulation qui limite très bien celle-ci. Malheureusement, l'état incomplet du fragment sur un des flancs oblige à quelque réserve à cet égard.

Le nom de sexcarinatus donné par Pictet semble donc devoir être doublement impropre, d'abord parce qu'il a trait à des côtes et non à des carènes, ensuite parce que le nombre de ces côtes est en réalité supérieur à six. L'auteur dit, il est vrai, « on voit sur la longueur du pourtour quelques irrégularités dans les carènes, et notre unique échantillon n'est pas assez bien conservé pour ne laisser aucun doute au sujet de leur nombre. Il m'avait semblé au premier coup d'œil qu'il n'y en avait que 5 dont une médiane ; une comparaison plus attentive m'a prouvé que l'angle du V, qui est nécessairement médian, tombe dans le sillon toutes les fois que la trace en est régulière et bien formée, et je ne crois pas me tromper en en comptant six. » Cependant, sur la fig. 16 de Pl. X du mémoire cité, on peut voir très nettement accusée la disposition décrite dans notre petit exemplaire et qui aurait dû lui faire attribuer l'épithète de octocarinatus. Pictet paraît avoir négligé cette côte latérale plus petite du bord ventral ; mais elle se développe sur les parties plus âgées de la coquille et il paraît même qu'il peut s'y en ajouter encore une autre, si l'on en juge par le fragment de fig. 5.

La forme si caractéristique des cloisons et l'existence de côtes sur la région ventrale de la coquille ne peuvent laisser de doutes sur la très grande affinité de ce fossile avec le Nautilus sexcarinatus de Pictet.

La seule différence est dans la forme de l'ouverture, moins parallélogrammique, par suite d'une légère compression de la partie extérieure des flancs, ou d'un léger gonflement vers le retour de la spire. Notre petit sujet, à la vérité, indique que ce peut être un accident de déformation. Quoi qu'il en soit, à ce point de vue, notre fossile tient le milieu entre les N. sexcarinatus et N. Malbosii, dont les cloisons sont presque identiques. Je l'avais même d'abord rapporté à cette espèce avant d'avoir reconnu les traces de côtes du pourtour. Or, comme celles-ci peuvent entièrement disparaître sur le moule interne, ainsi que le montre notre grand exemplaire, il ne me paraît pas possible de trouver des caractères différentiels capables de faire maintenir ces deux espèces dans la nomenclature; je propose de les réunir et de conserver le nom de N. Malbosii, celui de sexcarinatus indiquant un caractère erroné. Il se pourrait même que N. Dumasii Pictet, du même gisement, n'en fut pas distinct; cependant, la forme arrondie et non tronquée du pourtour et l'angle plus accusé du lobe ventral peuvent suffire pour le caractériser.

Les N. sinuatus, N. biangulatus, N. gravesianus du terrain jurassique, le N. Forbesii du terrain tertiaire inférieur présentent le même type cloisonnaire; mais aucun d'eux ne peut être confondu avec N. Malbosii, pas plus que les espèces analogues de la craie de l'Inde.

AMMONITES BERRIASENSIS Pict.

Pl. II, fig. 1-4.

AMMONITES BERRIASENSIS Pictet. *Etudes paléont. Berrias*, page 70, Pl. XII, fig. 1 *a, b, c.* — *Etudes prov. foss. de Porte-de-France, d'Aizy et de Lémenc*, page 227, Pl. 37 *bis*, fig. 2.

Grand diamètre..................	0^{m}140
Petit diamètre au retour de la spire..	0 100
Largeur de l'ouverture.............	0 045
Hauteur du dernier tour...........	0 074
Largeur de l'ombilic..............	0 014

Coquille discoïdale assez comprimée, à pourtour extérieur arrondi, à tours très embrassants, bordant un ombilic petit à pourtour crénelé onduleux. Environ neuf sillons très marqués de bouches temporaires sur le moule par tour, rayonnant de l'ombilic avec une faible courbure dont la convexité est du côté antérieur, traversant le bord ventral en s'infléchissant très légèrement en arrière. Ouverture ovalaire bien plus étroite que haute : : 6 : 10. Ornements du test inconnus. Cloisons très découpées sur leurs bords et divisées en 7 lobes décroissants formés de parties impaires et huit selles formées de parties paires. Le lobe impair ou siphonal (qui est ventral et non dorsal, comme le nommait d'Orbigny) est très court, divisé jusqu'au milieu par l'échancrure en fourche et pourvu seulement de deux dentelons de chaque côté. Le lobe latéral principal est étendu, formé de cinq rameaux dont les deux extrêmes, étalés, sont subdivisés en trois ramules plus développées dans le postérieur. Les lobes accessoires sont sur le même type, mais de plus en plus simplifiés jusqu'aux derniers, qui sont simplement dentelés. Les selles sont formées de rameaux très obtus et assez robustes en nombre pair, dont le plus développé est le latéral supérieur, ayant des tendances à l'imparité, avec 7 à 8 rameaux dont les dernières divisions sont en massue. La selle siphonale, plus courte, est plus simple avec trois gros rameaux ; les selles accessoires diminuent et se simplifient jusqu'à la dernière. C'est une grande analogie de structure avec l'Ammonites tatricus, mais cependant encore avec des différences dans le moindre étranglement des branches des selles et la découpure moindre des lobules, et dans une plus grande complication des divisions des lobes et des selles principaux.

Pictet a parfaitement discuté les caractères de cette espèce et il est inutile d'y revenir. La ressemblance presque absolue entre notre exemplaire et celui des environs de Grenoble nous dispense aussi de discuter leur analogie. C'est à peine s'il y aurait à signaler des nuances dans le degré d'enroulement et la compression des tours, qui n'ont du reste qu'une très faible importance. Il ne reste qu'à noter que les échantillons de Berrias diffèrent un peu par une rectitude plus grande des sillons ; mais dans notre exemplaire et dans celui de Grenoble, ces sillons sont si peu arqués que ce n'est encore qu'une nuance.

AMMONITES cf. PICTURATUS d'Orbigny.

Pl. II, fig. 5 à 7.

AMMONITES PICTURATUS d'Orb., *Paléont. franç.*, Terr. crét. T. I, page 178, Pl. LIV.

Grand diamètre	0ᵐ04?
Petit diamètre au retour de la spire	0 03?
Largeur de la bouche	0 02?
Hauteur du dernier tour	0 0?8
Largeur de l'ombilic	0 00?

Coquille discoïdale épaisse, très arrondie au pourtour, convexe sur les flancs, à tours très embrassants et ne laissant au centre qu'un ombilic punctiforme au fond d'une dépression. Bouche elliptique, les deux axes étant entre eux dans les rapports de 3 à 4. Surface du moule sans trace de sillons ni de côtes. Cloisons à bords très divisés, formant huit lobes latéraux décroissants vers l'ombilic ainsi que les selles qui les séparent. Lobe siphonal très développé, mais un peu plus court que le lobe principal, à trois paires de lobules dentés dont les deux postérieurs plus étalés, séparés de l'autre par une forte contraction. Lobe latéral principal robuste, très contracté après la première paire de rameaux, étalé et presque palmé au delà en 5 rameaux, dont les premiers très petits, les trois autres peu inégaux, le médian sublobulé. Le premier lobe accessoire est bien plus petit, moins étalé avec 5 rameaux plus courts ; le terminal plus allongé que les autres ; les suivants vont en décroissant jusqu'à un rameau assez long mais uniquement denté. La selle siphonale, formée de parties paires comme les autres, est la plus développée, comprenant six ramuscules robustes, très obtus, ainsi que leurs divisions peu profondément séparées ; la suivante, assez semblable, est notablement plus petite et les autres décroissent et se simplifient jusqu'à l'ombilic.

Cette ammonite rappelle beaucoup l'A. picturatus par son ombilic punctiforme, son enroulement et la surface lisse de son moule, et même par les proportions de son lobe siphonal ; mais elle en diffère par son ouverture elliptique et non ovalaire, ce qui creuse davantage l'ombilic et donne plus de largeur au pourtour. Ses lobes sont moins divisés et ont chacun au moins une paire de ramules en moins avec des troncs bien plus robustes ; le lobe siphonal est moins épais à la base et au contraire plus étalé dans ses grands ramules. Les divisions des rameaux des selles, moins nombreuses, sont plus robustes et moins folliformes ; la première latérale est moins développée que la siphonale, ce qui est le contraire dans A. picturatus. Ce sont là des différences assez importantes ; mais elles ne me paraissent pas encore suffisantes pour autoriser la création d'une espèce particulière, du moins jusqu'à plus ample informé sur l'étendue des variations que peuvent présenter ces caractères.

Parmi les autres espèces crétacées de ce type à ombilic obsolète et sans ornements, du moins sur le moule, l'A. rouyanus d'Orb. présente beaucoup de ressemblance avec notre fossile, mais elle en diffère par une ouverture plus circulaire à axes presque égaux et de forme presque dilatée du côté extérieur, ce qui donne plus de largeur à la région ventrale. Les lobes et selles sont plus nombreux ; celles-ci ont leurs divisions plus folliformes et de ceux-là le siphonal est le plus grand et le plus long de tous, et son corps, ainsi que celui des autres, est beaucoup moins étranglé après la première paire de ramules. Les différences sont certainement un peu plus accentuées que celles de A. picturatus, et je puis ajouter que leur constance, en ce qui regarde A. rouyanus, paraît justifiée par notre observation personnelle : mais en ce qui regarde le fossile des Ouled-Mimoun, elle aurait besoin d'être établie, car je n'en connais qu'un seul exemplaire.

M. Pictet associe à A. rouyanus A. infundibulum qui a des côtes rayonnantes ; mais je soupçonne cette attribution d'être un peu hasardée.

AMMONITES cf. VELLEDÆ Michelin.

Pl. VIII, fig. 6-7.

AMMONITES VELLEDÆ Michelin, *Mag. zool.* 1834, Pl. XXXV. — D'Orb. *loc. cit.* I, page 280, Pl. LXXXII.

Grand diamètre probable ?..........	$0^m 125$
Petit diamètre probable au retour de la spire?......................	0 072
Largeur de la bouche..............	0 034
Hauteur du dernier tour...........	0 078
Largeur de l'ombilic..............	0 006

Coquille discoïdale comprimée, arrondie à la région ventrale, à tours fortement embrassants et ne laissant au centre qu'un ombilic assez petit ; flancs légèrement convexes ; ouverture en ovale allongé, rétrécie du côté de l'ombilic, les deux axes étant dans le rapport de 2 à 5 environ. La surface est couverte de côtes très fines, très serrées, s'effaçant presque vers l'ombilic, égales, passant sans modification d'un flanc à l'autre, un peu flexueuses, de manière à présenter une légère concavité antérieure du côté du bord et une convexité vers le milieu des flancs. Pas de sillons de bouche transitoire apparents. Cloisons inconnues.

Cette ammonite ressemble beaucoup, dans ce qu'on en connaît, à A. Velledæ ; elle en diffère par ses stries plus serrées, moins flexueuses de beaucoup, et surtout par son ouverture beaucoup plus allongée, plus comprimée vers la région voisine du pourtour, le rapport des axes étant de 3 à 5 dans l'espèce comparée. Notre unique exemplaire est malheureusement trop incomplet pour permettre des déductions certaines des comparaisons ; mais il nous a paru qu'il n'était pas possible de l'assimiler purement et simplement à cette espèce, qui se trouve généralement à un niveau beaucoup plus élevé que celui dont la faune nous occupe ici.

On pourrait peut-être penser à A. morelianus, presque aussi comprimé, à ouverture presque aussi étroite, mais oblongue plutôt qu'ovalaire ; les fines stries qui ornent la surface sont tout à fait droites et s'effacent complètement vers le milieu des flancs. Les affinités sont bien moins grandes qu'avec la précédente espèce. Il en est de même de A. Thetys (ou semistriatus) d'Orb., qui diffère fort peu de la précédente et n'en est probablement qu'une variété à cloisons un peu autrement ramifiées. Les types de ces espèces ou variétés sont de très petite taille ; toutefois, MM. Pictet et de Loriol ont attribué à A. Thetys de grands exemplaires des Voirons, qui revêtent un peu plus la physionomie du nôtre ; mais l'accroissement y est moins rapide, le dernier tour n'ayant que 0,55 du diamètre au lieu de 0,62, et, caractère plus important, les stries s'effacent vers le milieu des flancs, au lieu de se prolonger jusqu'à l'ombilic.

Parmi les espèces jurassiques, A. heterophyllus Sowerby a l'ombilic plus petit, les stries des flancs presque droites, son ouverture plus large, plus ovalaire, les axes étant dans le rapport de 3 à 5. A. Buvignieri d'Orb. a l'ombilic plus petit, l'ouverture lancéolée avec tendance à se caréner. A. Loscombei Sowerby a l'ombilic plus grand, l'ouverture presque triangulaire et presque aussi amincie extérieurement que celle de là précédente. Il ne me semble pas qu'il faille chercher parmi elles le type de notre fossile, et celui-ci ne me paraît pas avoir émigré des formations jurassiques du voisinage, où du reste les Ammonites sont extrêmement rares.

AMMONITES THETYS d'Orb.

Pl. XIV, fig. 3-4.

Ammonites semistriatus d'Orb. *Pal. franç.*, Terr. crét. page 136, Pl. XLI, fig. 3-4.
Ammonites thetys d'Orb., *loc. cit.*, page 174. Pl. LIII, fig. 7-9. — Pictet et Loriol, *Voirons*, page 17, fig. 1.
Ammonites morelianus? d'Orb. *loc. cit.*, page 176, Pl. LIV, fig. 1-3.

Grand diamètre probable...........	$0^m 090$
Hauteur du tour à l'opposé de l'ouverture.........................	0 032
Largeur du même................	0 023
Hauteur du tour antérieur au même point.......................	0 012
Diamètre de l'ombilic.............	0 006

Coquille discoïdale à tours très embrassants, laissant un assez petit ombilic au centre, arrondis obtus à la région siphonale, aplanis sur les flancs, convexes à la retombée de l'ombilic, ornés de côtes rayonnantes très fines, serrées (10 par centimètre près de l'ouverture), légèrement sigmoïdes, flexueuses du côté antérieur, disparaissant avant d'atteindre le milieu des faces. Ouverture longuement elliptique, presque aussi arrondie et épaisse au pourtour que près de l'ombilic, et échancrée fortement de ce côté par le retour de la spire (au delà du 1/3), ce qui donne la mesure de la rapidité de l'accroissement.

Je ne distingue sur mon échantillon aucune trace de cloison. C'est un fragment représentant 1/3 de tour. Cette coquille a une très grande ressemblance avec A. cf. Velledæ décrite plus haut, mais elle en diffère par ses stries interrompues par atténuation vers le milieu des flancs. Son ouverture est absolument elliptique et non ovalaire et pas élargie vers son milieu ; son accroissement est beaucoup moins rapide. Jusqu'à plus amples comparaisons sur des exemplaires plus nombreux et moins incomplets, il me paraît que cette ammonite doit être distinguée de la précédente. Elle me paraît représenter bien mieux le type de A. Thetys des Voirons, dont elle a la taille. La ressemblance, sauf pour les dimensions, est tout aussi grande avec les types figurés par d'Orbigny, et il ne me paraît pas douteux que l'attribution soit légitime. Mais si A. morelianus diffère de semistriatus, il serait difficile de dire à laquelle des deux espèces devrait être rapporté notre sujet en l'absence de toute trace de cloison. L'ombilic cependant plaide pour celle-ci par sa faible étendue.

A. Thetys n'a pas été rencontré dans le terrain à T. diphyoïdes de Berrias. Il a été recueilli par Nicaise à Téniet-el-Haâd, au voisinage de l'urgonien.

AMMONITES LIEBIGI Oppel.

Pl. VII, fig. 5 à 8.

AMMONITES LIEBIGI Pictet. *Etude provisoire des fossiles de Porte-de-France*, etc., page 230, Pl. XXXVII, fig. 4.

AMMONITES SUBFIMBRIATUS Pictet. *Berrias*, page 71.

Espèce connue seulement par des tronçons de tour, dont un encore pourvu de son test a 0^m057 de diamètre au gros bout et paraît s'élargir très rapidement. Tours absolument circulaires, sauf une légère émarginure de 5^{mm} de large formée par le retour, presque en simple contact, de la spire. Surface du test présentant des crêtes assez inégalement rapprochées, brièvement lamelleuses et assez fortement festonnées. Sur ce sujet, une cassure du bord ventral de l'ouverture a occasionné, pour être réparé, un plus large espacement de ces rides cristiformes, ce qui lui donne une apparence assez singulière d'irrégularité ; mais dans les régions où l'accroissement est normal la ressemblance est manifeste avec la figure donnée par Pictet, sauf pourtant une plus grande irrégularité dans la largeur des intervalles des rides. Ce fragment, ayant près de 1/3 de tour, ne montre aucune apparence de contraction ou de grosse ride, ni de sillon rayonnant, conforme en cela à notre terme de comparaison. Il diffère donc de Ammonites subfimbriatus typique, dont les tours sont plus ou moins comprimés de manière à produire des ouvertures elliptiques et dont la surface, en outre de ses rides fimbriées, porte des plis plus profonds espacés, qui sont les restes d'anciennes bouches temporaires.

Un autre exemplaire montre que cette ammonite atteignait une grande taille, car son plus grand diamètre de tour dépasse un décimètre. En outre, en même temps que la coquille s'accroissait, son ouverture s'élargissait de manière que le diamètre transversal dépassait l'antéro-postérieur dans les proportions de 105 : 90. Le tour précédent, quoique déformé, indique des diamètres subégaux ; mais ces diamètres n'ont que 4 centimètres, ce qui indique un accroissement très rapide. Ces tronçons accentuent bien plus encore la différence entre les deux types.

L'exemplaire est décortiqué et dépourvu aussi de toute trace de bouche temporaire ; malgré ses grandes dimensions, ce tronçon est entièrement cloisonné et correspond à une partie probablement encore éloignée de la loge. Les cloisons ont leurs lobes et leurs selles si rapprochés qu'il est difficile d'en débrouiller les détails. On peut cependant y voir que le lobe principal avait de fortes tendances à la division en rameaux pairs divergeants comme dans Ammonites fimbriatus.

Il me semble bien que cette espèce doive être attribuée à Ammonites Liebigi ; cependant elle aurait besoin d'être mieux connue pour qu'il n'y ait pas de doute. Cela me paraît, du reste, être d'autant plus nécessaire que l'espèce est une de celles considérées comme critiques, polymorphe pour certains paléontologistes, complexe pour d'autres, et divisible en plusieurs types, dont l'étude nécessite des matériaux de choix.

AMMONITES OCCITANUS Pict.

AMMONITES OCCITANUS Pictet. *Etudes paléont. faune de Berrias,* page 81, Pl. XVI, fig. 1. — *Étude provisoire de Porte-de-France, Aizy et Lemenc,* page 248, ·Pl. XXXIX, fig. 1.

Grand diamètre	0ᵐ090
Petit diamètre au retour de la spire..	0 065
Hauteur du dernier tour	0 040
Largeur du même	0 020
Largeur de l'ombilic	0 025

Coquille discoïdale à tours assez embrassants, laissant un ombilic médiocre (un peu plus du 1/4 du diamètre), tronquée presque carrément sur le pourtour extérieur, cependant un peu rétréci, très peu convexe sur les flancs retombant brusquement sur l'ombilic. Un rang de tubercules bordant l'ombilic, au nombre d'une trentaine par tour, très saillants et comme pincés d'où partent des faisceaux de côtes obtuses, au nombre de 2 à 3, se dichotomisant alternativement une à deux fois, légèrement infléchies en avant, plus saillantes près du bord qu'elles traversent en s'atténuant sur la ligne siphonale qui est comme impressionnée (la figure 13 rend assez mal cette disposition) ; d'autres côtes intercalées partent du bord inerme de l'ombilic. Il y a quelques traces de sillons plus creux, paraissant représenter des bouches provisoires ; mais ils sont parallèles aux côtes. L'ouverture est oblongue, tronquée vers le haut qui est un peu plus étroit, fortement échancrée par le retour de la spire ; elle est probablement un peu comprimée sur notre échantillon, qui est très détérioré et comme écrasé sur tout un demi-tour. Les cloisons sont à peine marquées et de structure peu déchiffrable.

Le sujet que je possède laisse à désirer pour l'état de sa conservation ; mais dans ce qui est connu, il rappelle tout à fait l'Ammonites occitanus, sauf que ses tubercules ombilicaux sont plus saillants, plus inégaux et que les côtes ne s'interrompent pas complètement sur la ligne siphonale, quoiqu'elles y tracent une dépression, qui peut s'accentuer à un autre âge du développement. Les côtes aussi paraissent moins serrées ; mais ce sont là des différences individuelles et d'âge qui ne peuvent infirmer l'attribution spécifique proposée, du moins jusqu'à la découverte de meilleurs matériaux.

AMMONITES SMIELENSIS

Pl. VII, fig. 1 à 4. Pl. VIII, fig. 1-2.

Grand diamètre	0ᵐ140	0ᵐ088
Petit diamètre au retour de la spire..	0 100	0 060
Largeur de l'ouverture	0 028	0 020
Hauteur du dernier tour	0 050	0 030
Largeur de l'ombilic	0 055	0 030

Coquille discoïdale, peu épaisse, à tours peu embrassants, arrondis et très obtus au pourtour, presque aplanis sur les flancs et arrondis en retombant vers l'ombilic qui est assez étendu. Ouverture oblongue, elliptique ou légèrement ovalaire. Les axes étant dans le rapport de 56 : 100 dans un sujet adulte, et de 66 : 100 dans un plus jeune : elle tend donc à s'allonger chez les adultes ; l'ornementation est très variable avec l'âge.

Des côtes assez fortes et rapprochées partent de l'ombilic, les unes simples, quelques autres fourchues, pour gagner en ligne droite la région ventrale. A partir du diamètre de 0ᵐ03, les côtes sont presque toutes simples ; quelques traces de bouches provisoires, interrompant une ou deux côtes, apparaissent alors sur certains exemplaires ; puis les côtes partent d'un petit tubercule ombilical, quelques-unes se dichotomisant. Puis les tubercules grossissent sensiblement, en même temps que quelques côtes s'effacent sur les flancs, les unes tout à fait, d'abord isolément, puis plus nombreuses par groupe de 2 ou 3 et même au delà, les autres se rattachant encore à un tubercule étant simplement atténuées vers le milieu des flancs ; c'est le degré de développement du sujet de Pl. VIII. Puis l'accroissement continuant, les côtes rayonnant d'un tubercule finissent par s'effacer à leur tour et sont reléguées vers la région ventrale ; les tubercules prennent du volume, forment des mamelons obtus et les côtes intérieures finissent par s'effacer insensiblement et totalement bien avant les dernières cloisons. Toutes ces côtes, en passant sur la région ventrale, s'interrompent pour laisser une zone siphonale unie superficielle qui paraît s'élargir des premiers aux derniers tours.

Le lobe siphonal est robuste, moitié long comme le principal, avec six paires de ramuscules rapprochés et comme pectinés, la cinquième étant à la hauteur de l'échancrure. Le lobe latéral principal, à base robuste, est pourvu de trois rameaux principaux en outre d'assez nombreux ramules ; le lobe qui suit n'en diffère que par la taille moitié moindre ; suivent trois très petits lobes accessoires simples. Les selles sont très robustes, la latérale plus développée que l'antérieure, à divisions paires, profondément distinctes. l'antérieure moins large et moins divisée. Les selles accessoires n'en forment pour ainsi dire qu'une seule large et presque au niveau des deux autres.

L'exemplaire de Pl. VII paraît être un sujet bien adulte, chez lequel se sont effacées les dernières traces d'ornementation. Celui de Pl. VIII est d'âge moyen, montrant le début de la deuxième livrée, alors que des côtes complètes alternent vers la région ventrale avec des groupes de 3 à 5 côtes qui arrivent à peine sur les flancs ; c'est là aussi que débutent les tubercules ombilicaux. Quoiqu'il y ait quelques différences dans les proportions et la forme de l'ouverture, ainsi que dans la largeur de la bande lisse siphonale, il ne me paraît guère possible de douter de l'identité spécifique de ces deux fossiles.

Ammonites occitanus Pictet, auquel nous comparerons notre fossile, en est certainement très voisin ; cependant on ne peut les identifier. En effet, le sujet typique de Pictet a l'ombilic plus étroit, son accroissement plus rapide, avec une ouverture plus allongée et plus ovale triangulaire, la région ventrale étant plus étroite ; les tubercules ombilicaux sont plus égaux entre eux, plus rapprochés et commençant plus tôt ; les côtes sont plus fréquemment dichotomes, presque égales. ne s'effaçant que plus tard sur les flancs. A cet égard, l'exemplaire d'Apremont, près de Chambéry, est moins différent des nôtres que celui de Berrias ; mais les tubercules ombilicaux restent conformes au type, étant seulement plus accusés.

Les divisions des cloisons montrent aussi des différences. Le lobe principal est moins étalé et son tronc plus épais ; le second latéral est beaucoup plus développé et plus semblable au principal. La selle siphonale est peu différente ; mais la principale qui suit présente une structure et des proportions bien différentes.

Ammonites Carteroni d'Orb. diffère par des côtes non interrompues sur la région siphonale.

Nos matériaux sont sans doute insuffisants pour apprécier l'étendue des variations de ce type ; mais ils plaident fortement en faveur de son autonomie spécifique.

AMMONITES RAREFURCATUS Pict.

Pl. XIV, fig. 5 à 7.

AMMONITES RAREFURCATUS Pict. *Berrias*, page 82. Pl. XVI, fig. 2.
AMMONITES DUNCANI Coquand (pars.) coll. Serv. Mines d'Alger.

Plus grande hauteur du dernier tour.	0^{m}025
Sa plus grande épaisseur	0 019
Hauteur proportionnelle de deux tours contigus......................	:: 7 : 20
Epaisseur proportionnelle de 3 tours contigus...................	:: 4 : 8 : 16

Coquille discoïdale à tours très peu embrassants, laissant un assez large ombilic au centre, tronqués presque carrément au pourtour, très peu convexes sur les flancs, retombant abruptement sur l'ombilic, qui est fortement étagé. L'ornementation consiste en côtes assez grêles, rapprochées, un peu sinueuses, partant de l'ombilic, sans former de tubercule sensible, les unes simples plus nombreuses, les autres se bifurquant plus ou moins près du pourtour. Parmi elles quelques-unes ont des tendances à former faisceau à partir d'un rudiment de tubercule ombilical ; ce qui pourrait laisser prévoir le développement de ces tubercules à un autre âge, ou sur d'autres sujets, et affaiblirait l'importance spécifique de ce caractère.

Ces côtes passent sur le pourtour et se terminent brusquement de chaque côté de la ligne siphonale en un sillon étroit et bien marqué. Dans l'ombilic, dont le diamètre est d'environ 0^{m}025, les côtes sont plus saillantes, moins rapprochées, toutes simples, et, s'il y en a de bifurquées, leur division est masquée par le retour de la spire, ce qui pourrait être ; car on remarque contre le tour recouvrant des traces de tubercules de dichotomies.

L'ouverture est trapézoïdale, oblongue, tronquée au pourtour, un peu élargie du côté de l'ombilic et faiblement échancrée par le retour de la spire.

Les cloisons sont remarquables par les fortes denticulations de leur ligne de suture. Le lobe siphonal est singulièrement étroit, logé dans la gouttière, très long, avec de faibles ramuscules dentiformes, terminé en fourche à sinus tronqué et à longues branches parallèles pourvues de quelques dentelons. Le lobe principal est très long et occupe une large place sur le milieu des tours ; il forme un tronc ayant, sans compter les premiers dentelons, deux rameaux en arrière, un plus grand en avant très détaché et dépassé par la fourche siphonale; puis il se termine par une pointe trifurquée dentelée dont l'extrémité dépasse le lobe siphonal. Le premier lobe latéral est formé d'un tronc assez robuste avec dentelons et dont la pointe vient se terminer à la hauteur de celle du rameau postérieur du principal ; il a en avant un assez fort rameau. Le second lobe latéral est simplement dentelé et sa pointe est presque à la hauteur de celle du précédent, vers lequel il oblique assez fortement. Il y a encore un troisième latéral très petit et plus oblique encore.

La selle principale est formée d'un gros tronc presque carré, à divisions paires assez obtuses et médiocrement profondes ; la selle latérale est aussi élevée mais bien plus étroite, de forme du reste assez semblable ; la première selle accessoire est beaucoup plus courte, beaucoup moins élevée et presque simple avec des dentelons ; la deuxième accessoire est encore plus réduite et plus courte et suivie d'un rudiment de troisième. Toutes les parties accessoires, lobes et selles, contrastent ensemble par leur réduction de dimensions avec les lobes et selles principaux.

Je n'ai rien à ajouter à ce qu'a dit Pictet sur les affinités de cette espèce.

AMMONITES PRIVASENSIS Pictet.

Pl. XIV, fig. 8-10.

Ammonites privasensis Pictet. *Etudes paléont. faune de Berrias*, page 84, Pl. XVIII, fig. 1-2.

Ammonites Duncani Coquand (pars.) coll. Serv. Mines d'Alger.

Hauteur de l'ouverture............ 0^m018
Sa plus grande largeur............ $0\ 015$

Coquille comprimée, tronquée presque carrément au pourtour extérieur, marqué d'une étroite zone siphonale, lisse et peu creusée, presque plane sur les flancs brusquement retombants vers l'ombilic, qui est assez étendu. Ouverture oblongue, un peu élargie du côté interne et peu échancrée par le retour de la spire, dont les tours sont à peine embrassants.

Côtes saillantes assez espacées, minces, presque droites, partant de l'ombilic, où elles sont dépourvues de tubercule, bifurquées vers le 1/3 extérieur en deux rameaux égaux, bien saillants, qui passent normalement sur le pourtour pour s'interrompre sur la zone siphonale. Le point de bifurcation est distinctement saillant et, dans le tour intérieur de notre exemplaire, où les côtes sont semblables, il forme même tubercule. Les côtes paraissent, sur cet exemplaire, avoir été assez obliques sur le tour intérieur, mais cette disposition paraît devoir être attribuée à une déformation.

Je n'ai à ma disposition que le seul fragment figuré, qui était collé, avec d'autres d'espèces différentes, sur un carton de la collection du Service des Mines, sous le nom, donné par Coquand, de Ammonites Duncani, certainement erroné. Il est tellement ressemblant à celui de la figure 2 de la monographie de Pictet, qu'il ne peut y avoir aucun doute sur la légitimité de l'attribution que nous en faisons à cette espèce.

AMMONITES ISARIS

Pl. V, fig. 4 à 6. Pl. XIV, fig. 1

AMMONITES DUNCANI Coquand (pars.) coll. Serv. Mines d'Alger.

Plus grand diamètre	0ᵐ115
Plus petit au retour de la spire	0 075
Largeur de l'ouverture	0 028
Hauteur du dernier tour	0 040
Largeur de l'ombilic	0 050

Coquille discoïdale, un peu épaisse, formée de tours peu embrassants, presque tétragonaux, tronqués sur la région ventrale, très peu convexes sur les flancs et médiocrement échancrés par le retour de la spire, décombants assez fortement vers l'ombilic, mais sans carène. Ombilic assez étendu. Ouverture presque tétragonale, un peu plus longue que large et sensiblement rétrécie en avant.

L'ornementation se compose d'un rang de tubercules ombilicaux un peu espacés, au nombre de 10 à 12 pour un demi-tour ; ils paraissent avoir été peu ou pas développés dans le jeune âge, si l'on en juge par les tours intérieurs ; assez émoussés sur le moule, ils paraissent avoir été presque épineux sur le test. Les côtes partent le plus souvent de ces tubercules et les unes sont simples et vont ainsi jusqu'au pourtour extérieur ; les autres, alternatives le plus souvent, se dirigent vers un tubercule placé sur le milieu des flancs et elles s'y bifurquent en rameaux égaux ; parfois, un tubercule ombilical donne naissance à deux côtes, dont une simple, l'antérieure ordinairement, et l'autre dichotome ; il y a aussi souvent des côtes alternées qui ne se prolongent pas jusqu'à l'ombilic. Toutes ces côtes sont saillantes et se prolongent sur le pourtour pour s'interrompre sur le siphon et y former comme un sillon assez large et uni. Elles sont flexueuses, s'infléchissant en arrière vers le milieu et revenant en avant vers le bord. Le tour précédent montre des côtes plus égales entre elles, à tubercule ombilical peu ou pas marqué, les unes simples, presque droites, les autres fourchues avec rudiment de tubercule. Le sujet qui a fourni les mesures, un peu plus grand, ne diffère que par ses côtes moins fortement flexueuses et par le pourtour ventral moins anguleux sur les bords.

Les cloisons ont pu être étudiées sur le grand exemplaire sur lequel ont été prises les mesures. Elles ne sont pas d'une conservation parfaite, surtout au haut des selles et à l'extrémité des lobes, que le défaut de place n'a pas toujours permis de se développer commodément. Le lobe siphonal est remarquable par son étroitesse, la brièveté de ses ramules espacés et le peu de développement des ramifications de la fourche, dont le fond du sinus est tronqué et lobulé. Le corps du lobe ne sort pas du sillon siphonal. Le lobe latéral principal est robuste, mais pas très large dans son tronc, porte deux paires de ramules et se termine par une pointe trifurquée et dentelée. Le latéral secondaire est bien plus petit, porte un court ramule antérieur et quelques gros dentelons ; un premier accessoire part de l'ombilic, porte quelques dentelons et se termine à la hauteur du latéral secondaire ; il est suivi d'un deuxième accessoire, ne sortant pas de la déclivité ombilicale. Les tubercules de dichotomisation tombent sur le tronc du lobe principal ; le lobe secondaire est extérieur aux tubercules ombilicaux. La selle principale et la selle secondaire très hautes, assez peu profondément divisées et robustes, sont à parties paires, comme tronquées vers le haut ; l'antérieure est un peu plus large que l'autre. La troisième selle est encore divisée en parties paires ; mais elle est plus simple et beaucoup plus courte, restant en arrière de l'alignement des latérales ; il y en a encore une autre rudimentaire vers l'ombilic.

L'ammonite que je viens de décrire a un facies très accentué d'Ammonites Boissieri Pictet et je les avais, au premier aspect, identifiées. Cependant cette dernière a la bifurcation des côtes plus rapprochée du pourtour et absolument dépourvue de tubercule. Ses tubercules ombilicaux émettent plus régulièrement des côtes en faisceaux ; son ombilic est plus petit et la ligne lisse siphonale est bien moins accusée. Les cloisons sont bien différentes ; le lobe siphonal court et presque triangulaire, le lobe principal à tronc également triangulaire et non flexueux, ses selles moins hautes, moins massives et autrement divisées accentuent encore les divergences, et il ne paraît pas possible d'identifier ces deux types.

Par ses deux cercles de tubercules reliés par une côte droite, le fossile oranais se rattache encore à cette série comprenant les A. Malbosi, A. Mimouna et A. Pouyannei. Les deux premières en diffèrent par les côtes intercalaires ne dépassant pas le cercle médian des tubercules : la première par des tubercules volumineux, ses côtes droites à nombreuses intercalaires ; toutes par leur lobe siphonal moins étroit, plus rameux, et par une autre facture dans les découpures de leurs sutures cloisonnaires, qui cependant se rapportent au même type général.

Je ne vois que des analogies lointaines avec d'autres espèces. Ainsi, Ammonites Desorii Pictet et Campiche n'a que des tubercules ombilicaux et ils sont beaucoup plus volumineux ; son ombilic est beaucoup plus étroit, son ouverture bien plus allongée. Certaines variétés d'Ammonites bidichotomus ont une disposition de côtes parfois dissociées, un peu analogues ; mais les côtes ne s'interrompent pas sur le pourtour. Il n'y a que des tubercules ombilicaux, et l'ombilic est beaucoup plus étroit. Les cloisons, du reste, ont leurs lignes suturales ramifiées suivant un tout autre système.

Un groupe d'espèces telles que Ammonites Calisto, A. transitorius et même A. privasensis ont une forme et une distribution de côtes qui est très analogue à celle de notre fossile ; mais ces espèces sont dépourvues de tubercule au bord de l'ombilic et sur le milieu des flancs, et cela doit suffire à les exclure de la comparaison.

On ne peut deviner les raisons pour lesquelles Coquand a donné le nom de Ammonites Duncani à ce fossile ; peut-être y a-t-il eu confusion d'étiquette en recopiant l'indication spécifique.

AMMONITES cf. ISARIS ?
Pl. IV, fig. 8 à 10.

Ammonite connue par le seul fragment figuré à la planche citée et présentant beaucoup de ressemblance avec les tours intérieurs de l'espèce typique figurée Pl. V. Elle en diffère cependant par quelques particularités assez importantes pour faire douter de l'identité. Les côtes, plus saillantes et plus grêles, sont fortement sinueuses ; ce qui ne se produit dans le type qu'à un âge plus avancé, lorsque les intercalaires incomplètes se sont développées. Des côtes simples alternent assez régulièrement avec des côtes fourchues et elles partent parfois isolément d'un petit tubercule ombilical ; mais le plus souvent elles forment faisceau avec les voisines par deux ou par trois sur un tubercule de départ plus accentué. Cette rangée de tubercules ombilicaux paraît manquer au même âge dans le type. Les côtes sont interrompues sur la région siphonale par une zone unie fortement déprimée. Il n'y a pas trace de côtes intercalaires n'atteignant pas l'ombilic et le tubercule de l'angle de bifurcation est assez faiblement marqué. Les tours intérieurs de Ammonites Isaris, correspondant à un âge moins avancé, ont aussi des côtes alternantes, les unes simples, les autres fourchues vers le milieu des flancs ; mais elles ne sont pas flexueuses et ne forment vers la marge ombilicale ni faisceau ni tubercule.

Ces différences, toutefois, ne seraient suffisantes pour caractériser une espèce qu'autant qu'elles seraient confirmées par une certaine constance, et cela reste à établir. Il y a, toutefois, une autre particularité qui paraîtrait plus déterminante ; elle est fournie par la structure de la suture des cloisons et consiste principalement dans un développement bien plus considérable du lobe latéral dont l'extrémité arrive presque au même niveau que celle du lobe principal, ainsi qu'on peut s'en rendre compte en comparant la fig. 9 de Pl. IV à la fig. 1 de Pl. XIV. Les autres différences ne sont pas non plus sans valeur et il me paraît intéressant d'en donner une description comparative.

Le lobe siphonal est beaucoup plus large dans son tronc, moins étranglé, plus ramuleux sur les côtés, 5 ramules au lieu de 3. Le lobe principal dépasse notablement le précédent par son extrémité ; il est remarquablement rameux avec ses cinq branches principales, au lieu de trois, qui forment une masse touffue fortement et souvent doublement denticulée. Le lobe latéral arrive à hauteur des derniers rameaux latéraux du principal; il est, en revanche, beaucoup plus étroit et formé par cinq ou six rameaux simplement denticulés, décroissants des antérieurs aux postérieurs. On compte encore trois lobes accessoires très obliques et de plus en plus petits, dont les pointes arrivent presque à hauteur de celles des autres lobes, au lieu d'être fortement en retrait.

Les selles ne présentent pas de différences autres que des divisions un peu plus nombreuses et un peu plus profondes et un peu plus de longueur. Toutefois, celle qui suit le lobe latéral est plus ramuleuse, plus longue et reste étroite malgré sa complication. Il y a, en outre, une selle accessoire en plus.

Cette structure cloisonnaire rappelle bien davantage celle de Ammonites Pouyannei Pom., malgré encore certaines différences de détail qui pourraient dans certains cas légitimer une distinction spécifique. Le développement du lobe latéral est tout à fait analogue et bien différent de ce qu'il est dans A. Isaris. Le lobe siphonal a la même forme trapue de son corps ; mais le lobe principal de notre fossile est bien plus ramuleux.

Les analogies paraissent, du reste, ne pas devoir se limiter à la structure cloisonnaire, car il ne serait pas imposssible d'en trouver d'autres dans la disposition des côtes. On voit, en effet, dans A. Pouyannei, sur les tours de spire intérieurs, des côtes simples alterner avec d'autres bi ou trifurquées vers le tubercule des flancs ; mais ici ces derniers tubercules sont plus développés ; les côtes sont droites, rayonnant vers le pourtour sans sinuosité et elles ne montrent aucune tendance à se grouper en faisceau vers les tubercules ombilicaux, disposition pareille, du reste, à celle du jeune A. Isaris; rien ne pourrait s'opposer au rattachement de ce fossile comme variété à A. Pouyannei plutôt qu'à la précédente. Il paraît, toutefois, plus probable qu'il devra être considéré comme espèce autonome reliant les deux types de comparaison, et c'est à cette conclusion que je me serais arrêté, si je n'avais pas jugé nécessaire de désirer de nouveaux matériaux plus probants, d'autant plus que le tronçon figuré a été égaré et que je ne puis vérifier si je n'ai pas commis quelque erreur en dessinant le détail de la suture cloisonnaire.

AMMONITES ZIANIDIA
Pl. IV, fig. 5 à 7.

Hauteur du dernier tour........... 0^m027
Largeur du même................. 0 020

Coquille discoïdale, médiocrement épaisse, formée de tours à peine embrassants, presque tétragonaux, dont la plus grande épaisseur est vers le milieu, bien retombants vers l'ombilic étendu, mais peu profond, tronqués vers la région ventrale. Les côtes qu'ils portent ont une disposition analogue à celle de Ammonites mimouna. Les unes se bifurquent près du milieu avec un tubercule de dichotomie ; les autres sont simples et alternent par une ou deux ; la plupart portent un tubercule à la hauteur de celui des côtes bifurquées, seulement un peu plus petit ; elles vont isolément à l'ombilic ou forment faisceau soit entre elles, soit avec les fourchues, avec un tubercule médiocre au point de départ. Ces côtes sont singulièrement ondulées, sans s'arquer sensiblement, et avant d'arriver au pourtour se gonflent en un tubercule, de manière à constituer une couronne homogène submarginale. De là les côtes passent sur la région siphonale, qu'elles traversent, mais en s'abaissant et s'effaçant presque sur la ligne médiane, qui est sensiblement caniculée.

J'avais d'abord rapproché ce tronçon de ceux attribués à Ammonites Isaris ; mais la singulière disposition ondulée et comme noueuse des côtes et la rangée marginale de tubercules ne permet pas leur identification. Cette caractéristique pourra paraître insuffisante pour l'établissement d'une espèce nouvelle et je ne fais aucune difficulté à le reconnaître ; mais, dans une monographie comme celle-ci, on est tenu à mettre en œuvre tous les matériaux qui peuvent être utilisés.

AMMONITES MIMOUNA

Pl. V, fig. 7 à 9.

Ammonites neocomiensis Ville? *loc. cit.*

Grand diamètre...................	0^m088
Petit diamètre au retour de la spire..	0 056
Largeur de la bouche.............	0 016
Hauteur du dernier tour...........	0 035
Largeur de l'ombilic..............	0 030

Coquille discoïdale, peu épaisse, formée de tours peu embrassants, moins épais au pourtour qui est bien arrondi, presque plats sur les flancs très retombants et arrondis vers l'ombilic. Ouverture oblongue, plus étroite vers le pourtour, ses axes étant dans le rapport de 46 à 100.

Les tours intérieurs portent des côtes assez saillantes rapprochées, obliquement rayonnantes ; on n'y voit pas de trace de tubercule. Au dernier tour, en partie seulement conservé, on voit des tubercules ombilicaux envoyer une côte droite assez grêle à un cercle de tubercules placé vers le milieu des flancs, et ceux-ci émettent deux ou trois côtes en faisceau qui se dirigent obliquement, avec des intercalaires simples et de même longueur, vers la région ventrale, où elles s'interrompent pour laisser une zone siphonale assez large, lisse et convexe ; ces côtes devaient être au nombre d'environ 46 dans le dernier demi-tour.

Les tubercules ombilicaux grossissent notablement en s'approchant de la bouche ; malheureusement le test du flanc et son empreinte sont détériorés sur cette partie et l'on ne peut se rendre compte de la modification que l'âge peut en même temps faire subir aux côtes dans cette partie ; il n'y a point de cloisons visibles.

Cette ammonite paraît avoir certaine ressemblance avec Ammonites Euthymi de Berrias par ses côtes rapprochées et ses intercalaires en petit nombre ; mais ses côtes sont beaucoup plus grêles, bien moins saillantes, plus souvent en faisceaux de trois et non de deux et dépourvues de tubercules ventraux. Les tours sont beaucoup plus comprimés, ce qui la différencie également de Ammonites Boissieri. On ne saurait les confondre.

Il y a une certaine ressemblance avec Ammonites neocomiensis, telle qu'elle est décrite et figurée par Pictet et Campiche (Descr. Ste-Croix, Pl. XXXIII, fig. 1-3), par les proportions et la forme de l'ouverture, par les tubercules ombilicaux et la terminaison des côtes sur la région siphonale ; mais l'ombilic beaucoup plus étendu et la présence du cercle de tubercules du milieu des flancs, dont il n'y a aucune trace sur l'espèce comparée, différencient beaucoup trop notre espèce pour qu'on puisse les confondre.

Les tubercules ombilicaux plus nombreux, plus rapprochés et croissant rapidement ne permettent pas la confusion avec les espèces dont la description va suivre.

AMMONITES MALBOSII Pictet.

Pl. V, fig. 1-3.

AMMONITES MALBOSII Pictet, *Étude faune Berrias*, p. 77, Pl. XIV, fig. 2. — *Étude provisoire Porte-de-France, Lémenc*, etc.. p. 242, Pl. XXXIX, fig. 2.

Grand diamètre	0^{m}080
Petit diamètre au retour de la spire	0 050
Largeur de l'ouverture	0 021
Hauteur du dernier tour	0 030
Largeur de l'ombilic	0 030

Coquille discoïdale, assez épaisse, formée de tours très peu enveloppants, limitant un large ombilic ; ils sont presque tétragones, largement tronqués en avant, faiblement convexes sur les flancs, ar-

8

rondis à la marge commissurale et faiblement émarginés par le retour de la spire. Le dernier tour porte comme ornements un rang de petits tubercules espacés au bord de l'ombilic (7 à 8 pour un demi-tour), reliés par une côte droite, bien nette mais peu saillante, à d'autres tubercules semblables qui forment une rangée presque exactement médiane et d'où part pour chacun un faisceau de deux ou trois côtes qui se dirigent un peu obliquement vers la région ventrale et s'y arrêtent brusquement en laissant une assez large zone siphonale unie et superficielle ; d'autres côtes intercalaires, 2 à 3, de même force et forme, se dirigent de la région ventrale directement vers l'ombilic, dont elles s'approchent en s'atténuant plus ou moins. Dans une partie plus avancée du tour, ces côtes intercalaires s'effacent uniformément sur les flancs avant la hauteur du cercle médian des tubercules. On compte sur un demi-tour environ une quarantaine de côtes au pourtour. Au point où ces côtes passent des flancs sur la région ventrale, on distingue nettement des rudiments de tubercules qui donnent lieu à une apparence de carène, ainsi que le montre le dessin sans chiffre sous la figure 3.

L'intérieur de l'ombilic montre des côtes subégales, simples, complètes et sans tubercule, sauf une trace submarginale qui se montre contre le bord du tour suivant, sans qu'on puisse voir si la côte se bifurquait dans la région enveloppée par le tour suivant. L'ouverture est oblongue, presque rectangulaire, un peu plus étroite en avant et faiblement émarginée en arrière par le retour de la spire. Ses deux axes sont dans le rapport de 2 à 3. Les cloisons ne sont pas visibles.

L'exemplaire décrit, d'une conservation assez imparfaite, a beaucoup de ressemblance avec ceux de Berrias, figurés par Pictet, et à première vue on les jugerait identiques ; cependant il existe des différences assez importantes qui rendent un peu douteuse la légitimité de cette attribution. Les tubercules et les côtes qui les réunissent sont beaucoup moins développés et ceux-là ont leur rangée extérieure moins rapprochée du bord et exactement médiane. La ligne siphonale, à peine marquée sur les types de Berrias, est ici large et très nette ; l'ouverture est plus comprimée. On a créé des espèces avec des différences moins accusées que celles-là. Cependant, tout en faisant des réserves jusqu'à ce que des séries plus importantes d'exemplaires nous renseignent sur l'amplitude des variations, je conserve l'attribution faite en tête de ce chapitre.

AMMONITES POUYANNEI

Pl. III, fig. 4 à 8 (excl. fig. 4 infér.).

Grand diamètre (probable)......... 0^m105
Petit diamètre (probable)........... 0 070
Largeur de l'ouverture............. 0 027
Hauteur du dernier tour........... 0 038
Largeur de l'ombilic.............. 0 046

Coquille discoïdale, peu épaisse, formée de tours un peu embrassants, assez épais et tronqués sur la région ventrale, convexes sur les flancs, fortement et brusquement retombants sur l'ombilic, bien étagé et très étendu. Ouverture angulairement ovale, tronquée en avant, assez échancrée et à lobes tronqués en arrière. Le dernier tour porte un cercle de tubercules bordant l'ombilic, à peine rattachés par une côte effacée à un second cercle sur le milieu des flancs. De ceuxci partent, dans le dernier tour, des faisceaux de trois côtes assez fortes, séparées par une à deux intercalaires qui s'effacent isolément sans dépasser le cercle de tubercules des flancs. La formation du faisceau est d'abord assez peu accusée et commence même par être presque virtuelle, la côte tuberculée paraissant simple et à peine rattachée aux branches latérales, qui semblent remplir le rôle des accessoires absentes. Toutes ces côtes passent angulairement sur la région ventrale avec un rudiment de tubercule à l'angle. Elles viennent s'interrompre au milieu en formant une sorte de sillon égal au tiers de la largeur du bord, mais sans s'effacer complètement et en ondulant la zone siphonale. Dans les tours intérieurs, les côtes sont presque inermes et alternent plus ou moins régulièrement, une simple, une fourchue. Dans le tour qui précède le dernier (de notre exemplaire), les tubercules sont bien marqués, ceux de l'ombilic et surtout ceux du milieu des flancs ; les côtes alternent aussi, une simple, souvent inerme à l'ombilic, une ou deux trifurquées. La modification de l'âge porte donc sur l'effacement progressif des côtes des flancs qui sont de plus en plus dénudés.

Les cloisons de cette coquille nous sont assez bien connues. Le lobe siphonal est très robuste et comme pectiné par trois ou quatre paires de ramules dentés ; son extrémité fourchue est presque aussi étendue en arrière que celle du lobe principal. Celui-ci est pourvu d'un tronc assez épais, ramuleux et allongé, et se termine par trois fortes branches ramuleuses dont la terminale est plus ou moins allongée. Le lobe latéral est assez développé, mais ses divisions sont plus simples, la terminale arrivant à la hauteur de la branche latérale du précédent ; il y a encore en arrière deux lobes accessoires assez courts et décroissants. Les selles sont peu inégales, la principale étant un peu plus développée que la latérale ; elles sont toutes deux profondément parties en divisions paires, dont les postérieures sont un peu plus étroites ; leurs troncs sont robustes, surtout celui de l'antérieure. Il y a une troisième selle accessoire, reproduisant le rameau postérieur de la précédente comme proportions et comme forme ; deux autres sont de plus en plus rudimentaires. Dans le pointillé de restauration de fig. 4 est représenté, sous un moindre grossissement, un lobe siphonal relevé sur une partie plus avancée du même tour qui a fourni la fig. 8. On peut y reconnaître que les différences produites par l'accroissement sont insignifiantes.

Cette espèce est très voisine de A. Malbosii par son ornementation, mais ses côtes des jeunes tours sont plus compliquées ; la zone siphonale, au lieu d'être unie, est ondulée par le prolongement surbaissé des côtes. L'ouverture est plus large, plus rétrécie extérieurement et plus fortement échancrée par le retour de la spire. La structure des cloisons dans son ensemble est la même que dans A. Malbosii figurée par Pictet ; mais il y a des différences notables. Le lobe siphonal, dans celui-ci, est contracté à son origine au lieu de s'élargir et se termine en fourche épatée à sinus anguleux et non tronqué. Le lobe principal a ses rameaux plus courts, beaucoup plus étalés. La selle principale a sa division externe plus étroite que l'interne et non plus développée, les ramules qui les divisent sont plus déliés et plus grêles. La physionomie en est toute différente ; il y a des différences réelles, quelles que soient les incorrections du dessin et, en définitive, je ne pense pas que l'on puisse confondre les deux types.

AMMONITES POUYANNEI ?
Pl. III, fig. 1-3 et 4 infér.

L'exemplaire dont il est ici question est un simple fragment, qui m'avait paru d'abord provenir d'une ammonite de même espèce, sinon du même individu, représentée fig. 4 et dans l'agencement de la planche III, il est à la place probable que dans cette hypothèse il aurait pu occuper sur cet individu, quoique y formant une figure distincte. Il présente un reste de tour intérieur dont l'ornementation est à peu près la même que celle de Ammonites Malbosii dans une partie équivalente à peu près comme âge. Les tubercules des flancs donnent naissance à des faisceaux de deux ou trois côtes avec d'autres côtes intercalaires, par une à deux, s'effaçant à la hauteur des tubercules ; mais le bord ombilical est fracturé et ne peut montrer si les tubercules y ont la même disposition que dans l'espèce comparée.

Le tour extérieur a une ornementation d'un tout autre caractère et correspond sans doute à un âge très avancé et à ce qu'on a appelé la modification sénile, dont beaucoup d'espèces d'Ammonites ont montré des exemples. Très convexe sur le pourtour, très peu sur les flancs, assez épaissi du côté de l'ombilic, sur lequel il est fortement échelonné en gradin abrupte, aussi embrassant sur le tour précédent que dans A. Pouyannei typique, il porte une rangée de tubercules ombilicaux espacés et assez gros, rattachés par une côte basse et tendant à s'effacer, à une rangée du milieu des flancs de même volume ; une troisième rangée plus nombreuse borde le pourtour en le dépassant dans le profil. Des quatre tubercules conservés de cette sorte, deux sont reliés chacun au tubercule médian par le prolongement bifurqué de la côte qui lui vient de l'ombilic ; les deux autres sont semblablement reliés isolément au tubercule médian correspondant. Il est évident que cette structure provient de l'oblitération graduée de côtes alternativement simples et bi-trifurquées. Les tubercules extérieurs sont comme étirés dans le sens de l'enroulement et bordent la région siphonale qui est très unie et convexe. Dans cet état, ce fragment montre une certaine analogie avec Ammonites Euthymi ; mais dans celui-ci les tours sont plus arrondis et beaucoup moins embrassants. A ce point de vue, il n'y a presque pas de différence avec A. Pouyannei typique.

Il en est de même des ramifications des sutures cloisonnaires qui sont presque absolument conformes, sauf les nuances de détail que peut introduire l'accroissement. Le lobe siphonal est presque identique, ayant seulement un ramuscule de plus sur les côtés de son large tronc. Le lobe principal a son tronc plus robuste et ses rameaux un peu plus divisés, mais sur le même modèle ; le latéral qui suit présente les mêmes rapports de structure et le premier auxiliaire est semblable. Les selles ont les mêmes proportions et le même type de subdivision ; seulement la troisième est plus développée et plus profondément divisée en deux parties paires. Les différences qu'on peut observer sont, en définitive, de même valeur que celles qui se montrent sur les diverses cloisons du même sujet. Au contraire, ces cloisons restent toujours bien distinctes de celles que Pictet a figurées comme appartenant à A. Malbosii ; la forme assez différente de l'ouverture contribue à faire exclure cette dernière espèce de la comparaison. Au contraire, la grande analogie de structure paraît fortement militer en faveur de l'identification des formes ci-dessus décrites sous le vocable de A. Pouyannei. Il y a, toutefois encore, des réserves à faire à cet égard jusqu'à plus ample informé, à l'aide de meilleurs documents, parce qu'il reste une lacune à remplir dans les phases du développement et que l'on ne saisit pas très bien comment les côtes du pourtour peuvent se transformer en tubercules et comment ont disparu les demi-côtes intercalaires.

AMMONITES EUTHYMI Pictet.

Pl. IV, fig. 1-4.

AMMONITES EUTHYMI Pictet. *Études paléontolog., faune de Berrias.*, page 76, Pl. XIII, fig. 3.— *Étude provis. Porte-de-France, Aizy et Lémenc*, page 241, Pl. XXXVIII, fig. 7.

Grand diamètre.................... $0^m 115$
Petit diamètre au retour de la spire.. 0 080
Largeur de la bouche 0 033
Hauteur du dernier tour 0 035
Largeur de l'ombilic.............. 0 050

Coquille discoïdale, assez épaisse, à tours peu embrassants, comme tronqués sur la région ventrale, plus ou moins convexes sur les flancs assez fortement arrondis, retombant du côté de l'ombilic et à bord lisse. Ombilic très étendu. Le dernier tour est orné de côtes espacées rayonnantes, partant d'un tubercule voisin du bord ombilical, allant à un autre tubercule sur le milieu des flancs. La côte le plus plus souvent se dichotomise au delà du tubercule et ses rameaux, plus ou moins ouverts, se dirigent en obliquant plus ou moins en avant sur la région ventrale et s'y terminent par un autre tubercule, laissant sur la région siphonale un espace déprimé sur lequel les côtes semblent se prolonger en une faible ondulation qui va rejoindre le tubercule symétrique de l'autre côté. Quelques côtes ne se bifurquent pas, mais à la place du rameau antérieur se trouve une demi-côte libre très oblique qui le représente. Dans un âge antérieur, les côtes alternent, une simple avec une fourchue ; les tubercules des flancs sont de moins en moins marqués, surtout les ombilicaux, dont il n'y a pas encore de traces que les autres sont déjà bien accusés. Plus jeune encore, au diamètre de 0ᵐ025. les côtes sont plus rapprochées, plus étroites, pour la plupart fourchues, avec un rudiment de tubercule à la dichotomie, quelques-unes simples, alternantes et complètes. A ces âges nous ne pouvons savoir comment se comportent les tubercules du pourtour.

L'ouverture, très peu échancrée par le retour de la spire et un peu tronquée en avant, est en ovale raccourci. subréniforme par suite de la troncature postérieure, avec ses axes très peu inégaux, le transverse étant un peu plus court.

Les cloisons comprennent un lobe siphonal à tronc long et large, mais fortement contracté deux fois au-dessus de la fourche ; le lobe latéral principal est à tronc très robuste, presque digité en quatre ou cinq ramules dont le terminal plus développé en longueur; lobe accessoire suivant moitié long comme le précédent, à tronc simplement et très inégalement denté, puis se ramifiant brièvement deux fois. Il se termine, en s'en rapprochant, à la hauteur du principal rameau postérieur du lobe principal. Deux autres petits lobes accessoires sont très obliques sur le versant à l'ombilic.

La selle siphonale, bien divisée, a sa partie antérieure plus large que la postérieure ; la deuxième selle, beaucoup plus petite, également à division paire, semble, en raison du faible développement du lobe accessoire, faire corps avec la troisième selle, qui s'étale en s'arrondissant vers la ligne ombilicale.

Notre fossile est certainement très proche apparenté de A. Euthymi Pictet par son large ombilic et la disposition de ses côtes. Cependant il en diffère par quelques caractères, qui ne sont pas sans importance. Son ouverture est beaucoup plus courte, plus élargie ; ses côtes, plus épaisses et plus obtuses, ont leurs divisions plus ouvertes, bien moins en relief, moins entremêlées de demi-côtes, moins obliques en avant ; le dessin laisse voir, en outre, dans l'ombilic des détails qui, tout en figurant une structure mal conservée, présentent des différences entre les jeunes des deux types qui ne pourront être établies qu'à l'aide de matériaux nouveaux. Quoi qu'il en soit, ces différences semblent rester dans les limites de celles que présentent entre elles les variations considérables que l'on a constaté dans certaines espèces et les ressemblances me paraissent suffisantes pour autoriser, jusqu'à plus ample informé, l'inscription de notre fossile sous le nom donné par Pictet au fossile de Berrias.

AMMONITES ROCARDI
Pl. VIII, fig. 3 à 5.

Grand diamètre......................	0ᵐ085
Petit diamètre au retour de la spire.........	0 055
Largeur de la bouche....................	0 020
Hauteur du dernier tour..................	0 033
Largeur de l'ombilic....................	0 026

Coquille discoïdale, comprimée, à tours convexes sur la région ventrale, presque plats sur les flancs et retombant en s'arrondissant assez brusquement vers l'ombilic, qui est étendu, les tours s'enveloppant faiblement et laissant à nu les deux tiers des flancs. Le pourtour ventral est traversé par des côtes convexes, rapprochées, égales, faiblement sinueuses, convexes en avant, s'effaçant sur les flancs et disparaissant sous le recouvrement du premier tour ; en sorte que le disque paraît uni, dans les tours intérieurs. Le bord de l'ombilic est uni ; mais au troisième tour qui précède le dernier, l'ombilic montre une couronne de tubercules ou plutôt de crénelures qui indiquent pour ce jeune âge une ornementation assez différente. L'ouverture, assez faiblement entaillée par le retour de la spire, est oblongue avec des axes dans le rapport de 3 à 5 et presque quadrangulaire avec les angles arrondis et le côté extérieur sensiblement plus étroit.

Notre exemplaire montre deux sillons opposés, un peu flexueux, creusés sur les flancs et le pourtour et représentant d'anciennes bouches temporaires. La plus récente coupe les lobes d'une cloison qui paraît être la dernière, de sorte qu'il y aurait au moins une bonne partie de la loge du mollusque correspondant environ à 1/3 de circonférence, mais bien certainement incomplète.

Le système cloisonnaire est assez imparfaitement connu Le lobe siphonal a un tronc large, le latéral principal est représenté par un assez gros tronc peu ramifié ; le premier accessoire devait être seulement un peu plus grêle, les suivants sont beaucoup plus petits, au nombre seulement de deux peut-être. La selle principale est robuste, mais ses divisions sont oblitérées ; la latérale qui suit, également robuste, est très nettement formée de rameaux pairs, les deux ou trois suivantes sont petites et peu nettement divisées par suite de mauvaise conservation. Cette structure est très analogue à celle de A. Carteronii, figurée par Pictet, et bien plus différente de celle de A. astierianus, où les selles, par exemple, sont formées de parties impaires. Malheureusement, sur notre sujet, toutes les ramifications délicates de ces parties ont été plus ou moins oblitérées.

Cette ammonite a beaucoup de parenté avec la suivante, A. altavensis, par ses sillons de bouches temporaires, par ses côtes venant s'effacer sur le milieu des flancs et par la présence de tubercules om-

bilicaux dans le jeune âge, mais elle me paraît en différer notablement par une épaisseur beaucoup moindre, par une ouverture beaucoup plus allongée et presque tétragonale, par des côtes plus petites,
moins étendues sur les flancs et par l'existence des tubercules ombilicaux seulement dans un premier âge, en sorte qu'il n'y en a que
très peu de visibles dans l'ombilic.

Ammonites Carteronii, dont j'ai ci-dessus indiqué l'analogie de structure des cloisons et qui rappelle notre espèce par l'effacement des
côtes sur les flancs et une ouverture plus longue que large, en diffère
beaucoup par cette ouverture de forme ovalaire, par ses côtes plus
obliques sur la région ventrale et par ses tubercules ombilicaux persistants jusqu'à un âge avancé, enfin par son ombilic beaucoup plus
étroit et par le recouvrement plus étendu de ses tours.

Il me paraît difficile de confondre ces diverses ammonites en une
seule espèce et celle-ci pourrait recevoir le nom de A. Rocardi, en
souvenir de l'ingénieur des Mines, notre ancien collaborateur à la
carte géologique de la province d'Oran.

AMMONITES ALTAVENSIS

Pl. VI, fig. 1-2.

Grand diamètre (incomplet)	0^m117
Petit diamètre au retour de la spire	0 090
Largeur de la bouche	0 034
Hauteur du dernier tour	0 038
Largeur de l'ombilic	0 048

Coquille discoïdale, assez épaisse, à tours convexes sur la région
ventrale, un peu moins sur les flancs et retombant en s'arrondissant
vers l'ombilic, qui est très étendu. L'accroissement des tours est peu
rapide et l'enroulement laisse à découvert les 3/5 des tours précé-
dents. L'ouverture, abstraction faite de l'échancrure de la spire, est

subelliptique avec une tendance à un ovale très raccourci ; les deux axes sont dans le rapport de 9 à 10 ; il faut ajouter environ, car il n'est pas certain qu'il n'y ait pas eu de déformation sur notre exemplaire. Le pourtour extérieur est orné de côtes, épaisses, égales, le traversant presque sans inflexion ou avec une faible convexité antérieure ; elles vont s'effacer sur le milieu des flancs, restant pour la plupart simples, un très petit nombre se dichotomisant une fois, plus ou moins près du point de leur effacement. Le bord ombilical du dernier tour est uni et sans aucune trace de nodosité ; mais les tours antérieurs présentent une couronne de tubercules rappelant assez ceux de A. astierianus, sauf qu'ils sont un peu plus rapprochés. Les premiers tubercules, qui suivent la partie lisse du bord ombilical, sont séparés des côtes par un assez large intervalle ; les suivants, au contraire, sont presque atteints par ces côtes ; mais leur conservation ne permet pas de reconnaître si elles y convergent en faisceau comme dans A. astierianus (ce serait même plutôt le contraire qu'il semblerait) et après un court intervalle on ne voit plus de traces de ces côtes, soit qu'elles aient disparu par détérioration des surfaces, soit qu'elles ne se soient pas réellement étendues jusqu'au tubercule ombilical. Notre exemplaire présente des sillons d'anciennes bouches, très nets, bien creusés, mais moitié larges seulement comme dans notre A. astierianus trapu ; ces sillons se comportent de la même manière à l'égard des côtes, qu'ils interrompent. Ils sont au nombre de 3 à 4 par tour, puisqu'on en compte 7 pour les deux derniers tours. Les cloisons sont invisibles sur notre exemplaire.

Cette ammonite est très singulière et devait présenter de grandes variations suivant l'âge. L'exemplaire que je décris pourrait être considéré comme une dégénérescence sénile d'une espèce que l'on pourrait regarder comme très voisine de A. astierianus par ses tubercules ombilicaux de l'âge moyen, s'il est possible d'admettre que ces tubercules étaient le point de départ de faisceaux de côtes rayonnantes. Ces côtes se seraient, petit à petit, effacées d'abord, puis les tubercules de convergence, de manière que tout le flanc des derniers tours serait devenu lisse dans sa moitié ombilicale. En tout cas, la sénilité serait arrivée de bien bonne heure pour ce sujet, si on compare ses dimensions à celles de l'exemplaire de A. astierianus trapu figuré au bas de la même planche.

Il y a des différences qui ne permettraient pas, du reste, de rattacher notre fossile à la même forme, son ombilic plus grand, son ouverture plus elliptique en long, son épaisseur bien moindre lui donnant une tout autre physionomie et je ne crois pas me risquer en lui donnant le nom spécifique de A. altavensis.

AMMONITES ASTIERIANUS d'Orb.

Pl. VI, fig. 3-4, Pl. XIV, fig. 2.

AMMONITES ASTIERIANUS d'Orb. *Pal. franç. Terr. crétacés*, fig. 1, page 115, Pl. XXVIII.

AMMONITES ASTIERIANUS Pictet. *Berrias*, page 85, Pl. XVII, fig. 4. — Pictet, *Porte-de-France, Aizy*, etc., page 249, Pl. XXXVIII, fig. 8.

AMMONITES ANCEPS Coq (Non Reinecke). Coll. Mines d'Alger.

Grand diamètre	0^m093
Petit diamètre au retour de la spire. .	0 070
Largeur de l'ouverture	0 044
Hauteur du dernier tour	0 030
Largeur de l'ombilic	0 038

Coquille discoïdale globuleuse, à tours assez régulièrement convexes sur les flancs et la région ventrale, se terminant en gradins arrondis du côté de l'ombilic, qui est large et plus ou moins profond. Son bord est marqué par une rangée de tubercules en mamelon, au nombre de 18 à 20 pour le dernier tour, peu ou pas décurrents sur la déclivité ombilicale, d'où partent des faisceaux de 3 à 4 côtes assez saillantes, obtuses, droites, traversant la région ventrale sans trace d'inflexion ; rarement une côte interposée entre les faisceaux. De larges et profonds sillons plus obliques que les côtes les coupent vers leur côté postérieur ; mais ils sont parallèles à celles du faisceau antérieur. Ce sont, incontestablement, des restes d'anciennes bouches, et notre exemplaire en montre deux par tour. Dans l'intérieur de l'ombilic, la conservation très imparfaite permet seulement de constater la présence des tubercules dans un âge peu avancé. L'ouverture est bien plus large que haute, comme 3 est à 2 ; elle est en croissant, dont les cornes seraient circulairement tronquées. L'enroulement est peu serré et laisse visible dans l'ombilic au moins la moitié de la largeur des tours antérieurs.

Cette ammonite varie notablement dans son épaisseur et même un peu dans la rapidité de son accroissement. Elle atteint une assez grande taille et lorsqu'elle est vers la fin de sa croissance, elle s'est notablement épaissie, ses tubercules ombilicaux restent encore en forme de mamelon assez saillant ; mais les côtes qui en partent sont plus ou moins effacées et la surface a des tendances à devenir lisse.

Les cloisons ont leurs lobes et leurs selles assez divisés. Le lobe siphonal est le plus long de tous et le plus développé en largeur dans son tronc, pourvu de quelques ramules et terminé par une longue fourche, dont les branches parallèles portent un ramule extérieur. Le lobe principal est robuste, portant en avant deux gros ramules, en arrière trois ramules plus grêles croissant en longueur ; il se termine par une pointe simplement dentée, à peine plus forte que le second ramule antérieur. Le premier lobe latéral accessoire ressemble au précédent, avec des découpures moins profondes et une dimension de 1/3 moindre ; le second est en quelque sorte l'ébauche simplifiée et raccourcie du précédent, avec un tronc plutôt élargi ; il correspond aux tubercules.

Un troisième lobe accessoire très réduit et denticulé se trouve sur la déclivité ombilicale. Les selles sont oblongues, formées de parties paires avec des troncs à divisions obtuses, subégales. La principale est la plus grande ; les deux suivantes sont de plus en plus petites et à divisions simplifiées, la dernière est simplement lobulée. Cette description et le dessin de Pl. XIV ont été pris sur la dernière cloison d'un exemplaire de 0^{m}070 de diamètre à croissance assez rapide, puisque les diamètres transverses des tours aux extrémités de ce diamètre sont dans les rapports de 0^{m}020 : 0^{m}030.

Cette structure est assez différente de celle figurée par Pictet et Campiche dans *Terrain crétacé de Ste-Croix*, Pl. XLIII, en ce que les lobes, quoique de même facture, ont leurs troncs moins massifs à leur origine et pourvus de ramules plus profondément divisés ; et surtout en ce que les selles, plus découpées, plus élargies en haut et comme fastigiées, sont divisées en parties paires bien nettement, et non en parties impaires. C'est là une divergence considérable ; cependant je n'ose y attacher une trop grande importance, parce qu'il me semble reconnaître dans le dessin donné par le naturaliste suisse l'indice d'une conservation très imparfaite du sujet sur lequel il a été relevé et une assez forte usure de la surface du moule ayant oblitéré les petits détails de la suture des cloisons, sans cependant pour cela expliquer suffisamment la division impaire des selles.

Notre exemplaire figuré représente assez bien comme faciès le type à grosses côtes que d'Orbigny a considéré comme étant la femelle de l'espèce ; mais ses côtes sont encore plus épaisses (ce qui exclut en outre Ammonites Jeannoti de la comparaison) ; ses tours sont plus élargis même que dans le croquis figurant l'ouverture de la coquille considérée comme étant le mâle. Les tubercules ombilicaux sont plus arrondis et non pincés et ne sont qu'obscurément décurrents sur la cavité ombilicale. L'ombilic est notablement plus grand.

Les exemplaires figurés par Pictet et Campiche (*loc. supra cit.*) représentent les deux types au point de vue de l'épaisseur de la coquille ; notre sujet est intermédiaire aux deux ; il leur ressemble par les côtes assez épaisses ; mais l'ombilic de ceux-ci est encore plus resserré et ses tubercules sont toujours pincés et décurrents sur la déclivité. Les exemplaires figurés de Berrias sont également très globuleux et à tubercules ombilicaux allongés sur la déclivité. Leur ombilic est tantôt très étroit (Pl. XVII), tantôt plus ouvert (Pl. XVIII), mais sans égaler encore celui de notre sujet. Ces différences, jointes à celles des cloisons, nous laissent quelques doutes sur l'identification de nos fossiles avec ceux des gisements de France. Cependant la grande variabilité admise pour ce type par les paléontologistes nous autorise à maintenir notre assimilation jusqu'à un plus ample informé, qui est nécessaire pour élucider cette question, ne serait-ce qu'en ce qui concerne l'étendue et le mode des variations individuelles ou de race du type qui a été d'une longue durée.

Il me paraît assez probable que le A. macrocephalus signalé à Hadjar-Roum par Coquand, s'il en provenait, était un jeune de cette espèce à ombilic encroûté. Le nom de A. anceps figure sur l'étiquette d'un sujet très âgé de la collection des Mines d'Alger, vu par Coquand : il est difficile de s'expliquer la cause d'une pareille méprise de la part de cet auteur. Il n'existe pas du reste de terrain oxfordien à une grande distance autour de Lamoricière.

AMMONITES TELLOUTENSIS

Pl. X, fig. 3 à 6.

Hauteur du dernier tour.............	0^{m}037
Hauteur de l'avant-dernier tour......	0 010
Largeur de l'ouverture.............	0 045
Grand diamètre probable...........	0 095
Petit diamètre probable...........	0 060
Largeur de l'ombilic probable.......	0 040

Coquille discoïdale renflée, formée d'un petit nombre de tours arrondis au pourtour, élargis transversalement, s'enveloppant assez largement mais peu profondément, à croissance rapide et donnant lieu à un ombilic étendu et profond. Ces tours portent, sur le flanc et le versant à l'ombilic, de grosses côtes contractées en deux gros tubercules contigus, allongés radiairement, qui ont dû être au nombre de 13 à 14 par tour. Du côté extérieur, ils émettent un faisceau de trois à quatre grosses côtes contournant le pourtour, mais en s'atténuant de manière à marquer une zone siphonale étroite et simplement ondulée par le prolongement des sillons. Il y a, en outre, entre les faisceaux quelque côte intercalaire qui a des tendances à se rattacher au faisceau qu'elle précède. Il paraît y avoir de 30 à 32 de ces côtes dans la moitié d'un tour. Le tour intérieur est presque recouvert jusqu'au tubercule et ses côtes sont invisibles ; mais les deux tubercules sont persistants, plus condensés, la côte qu'ils forment étant un peu plus courte ; le tour intérieur au précédent les montre aussi avec un volume proportionné ; on peut donc en déduire que cette ornementation était persistante pendant la majeure partie du développement. L'ouverture est réniforme avec ses axes dans le rapport de 75 à 100. C'est probablement cette espèce qui avait été signalée comme ayant des affinités avec Ammonites lallicrianus d'Orb., à cause de ses tubercules ombilicaux.

Les cloisons sont assez finement découpées en dentelures ; les extrémités du lobe siphonal, du lobe principal et du dernier accessoire s'étendent jusqu'au même niveau ; mais la ligne des lobes est fortement arquée pour revenir en arrière du côté de l'ombilic. Le lobe siphonal est le plus long, avec un tronc trapu, également épais, portant de chaque côté trois lobules simples et un quatrième à deux branches, dont une pour la fourche. Le lobe principal porte 7 lobules, dont la seconde paire la plus petite et l'impaire assez allongée et lobulée. Le lobe secondaire est à 5 lobules peu inégaux, robustes, il est oblique en avant et se termine au niveau du rameau postérieur du lobe principal. Trois autres lobes accessoires, de plus en plus obliques et très petits, conduisent jusqu'à la suture. La selle antérieure est très développée, fortement ramuleuse, à lobes pairs, dont le postérieur bien plus petit ; la latérale est bien plus petite et plus courte, mais de même structure ; la suivante est considérablement plus petite, mais encore ramuleuse ; les deux autres sont extrêmement réduites.

Si cette espèce était un peu moins renflée, elle présenterait une certaine analogie avec A. Chaperi Pictet, par ses côtes à deux tubercules rapprochés ; mais, dans cette dernière espèce, ces tubercules sont bien plus petits, plus distants et ils manquent sur les tours antérieurs. Du reste, les proportions de l'ouverture, le nombre plus grand des côtes au pourtour et l'épaisseur ne permettent pas de doute sur leur spécification distincte. Les Ammonites Euthymi et Malbosii appartiennent à un type voisin et montrent les mêmes différences que A. Chaperi, en outre du plus grand écartement des tubercules ; on peut en dire autant des espèces ou variétés décrites plus haut sous ce même chef spécifique. On pourrait aussi penser à A. astierianus typique, dont les côtes ombilicales se seraient étranglées en deux tubercules ; mais la réduction de l'ombilic, la plus grande convexité antérieure et la structure des cloisons s'y opposent suffisamment. A. Arnoldi Pict. et Campiche a les doubles tubercules, mais il s'y mêle des côtes inermes alternantes et l'enroulement est bien différent. La distinction spécifique de A. telloutensis me paraît ainsi suffisamment justifiée.

AMMONITES BREVETI
Pl. IX, fig. 1-5.

Plus grande hauteur du dernier tour.	0ᵐ060
Plus grande largeur du même.......	0 076
Diamètre probable................	0 170
Largeur probable de l'ombilic.......	0 075

Coquille de grande taille, connue seulement par des tronçons de tours. Ces tours croissent lentement, sont largement mais peu profondément appliqués sur les antérieurs, avec suture un peu rentrante ; bien plus larges que hauts (du 1/4 environ), ils ont une section réniforme arrondie. Les côtés portent sur le versant ombilical un certain nombre de grosses côtes rayonnantes un peu obliques et souvent arquées en croissant, sensiblement épaissies du côté de l'ombilic, dont elles restent un peu distantes, puis fortement gonflées à l'autre extrémité en un mamelon conoïde, qui est parfois une véritable épine. Ces mamelons s'étendent jusqu'un peu au-dessus de la ligne moyenne du profil du tour. Il devait y en avoir environ 7 par demi-tour. Il s'en détache un faisceau de 4 à 5 grosses côtes convexes, un peu diffuses à leur origine, plus ou moins obliques en avant et passant sur le dos sans s'interrompre d'un mamelon à l'autre. Il y a souvent une intercalaire entre chaque faisceau, à extrémité libre effacée à la même hauteur que les autres. Le profil transversal des flancs avec la projection des mamelons paraît comme tronqué carrément. Il semble qu'il y ait quelque indice d'une tendance à ce que les côtes s'effacent sur la ligne siphonale ; mais elle est bien vague et due peut-être à une altération de la surface.

Le système cloisonnaire comprend un lobe siphonal, le plus long, un lobe latéral principal, un autre secondaire et deux petits accessoires ; le siphonal est large, un peu étalé vers l'extrémité et porte de chaque côté cinq rameaux inégaux alternativement ; le principal est formé d'un tronc assez robuste avec 5 rameaux dentelés et un terminal subtrilobé. Le secondaire est moitié plus petit, de forme presque semblable et robuste. Le premier accessoire est fourchu, oblique en avant, et le deuxième, dirigé un peu en arrière, est également à deux branches dentelées, mais plus étroites. Les selles ont une forme tout à fait caractéristique ; la principale forme un très large tronc presque palmé par des lobules qui y découpent des divisions impaires : la médiane étroite et linéaire ; l'antérieure un peu palmée et plus développée ; la postérieure en forme de cône ; elles arrivent à la même hauteur, comme si la selle était tronquée carrément. La deuxième selle est de même forme, mais un peu moins large et est également tronquée à la même hauteur. La troisième selle, qui est une accessoire, est bipartite presque jusqu'à sa naissance et ses divisions sont analogues à celles qui terminent les précédentes ; la dernière est indivise, oblongue, simplement dentée. L'équivalente de la surface dorsale empiète un peu sur le bord ombilical.

Cette ammonite appartient à un type qui n'est pas fréquent dans la période crétacée et qui n'y est même représenté que par des formes assez dissemblables. Ammonites narbonnensis Pictet, de Berrias, présente seulement des analogies lointaines et ses côtes ombilicales ont une tout autre forme et disposition. Au contraire, il n'est pas rare dans la période jurassique, depuis le lias jusqu'au portlandien, et parmi ces espèces on peut citer surtout certaines formes de Ammonites coronatus (d'Orb., Pl. CLXIX, fig. 1) comme extrêmement voisines du fossile oranais ; mais les différences sont assez grandes pour avoir une valeur spécifique ; l'ombilic beaucoup moins large, les tours beaucoup plus étalés sur les flancs, de manière que leur section se termine par une figure en ogive correspondant au gros tubercule, au lieu d'être presque tronquée carrément. Dans toutes ces espèces jurassiques où les détails des cloisons ont pu être étudiés, les différences sont toujours bien plus considérables, surtout dans le grand développement et la presque égalité des selles principale et secondaire du fossile algérien. Ici le gros mamelon tombe sur les limites intérieures du lobe latéral principal et les limites extérieures de la selle secondaire. C'est certainement là un de ces fossiles auquel s'applique la remarque de Ville ; ses affinités et son facies sont jurassiques ; mais c'est une forme nouvelle dans le terrain crétacé. Malheureusement elle n'a été rencontrée que par tronçons des tours extérieurs, et ses âges, premier et moyen, de développement restent inconnus.

AMMONITES BREVETI Var. ?

Pl. XI, fig. 1 à 4.

Grand diamètre....................	0ᵐ011
Petit diamètre.....................	0 008
Hauteur du dernier tour...........	0 035
Largeur du même.................	0 050
Diamètre de l'ombilic.............	0 045

Cette ammonite a la même physionomie que la précédente et elle
peut, provisoirement du moins, n'être considérée que comme en constituant une variété. Voici les différences qui ne permettent pas de les
identifier absolument. Les tours sont beaucoup élargis et leur section
est en ellipse transverse, au lieu de prendre une forme subtétrago-
nale. Les mamelons costiformes des flancs, au lieu de se soulever en
un deuxième tubercule près de la suture, s'atténuent insensiblement
de ce côté, au point de ne faire aucune saillie en ce point. Le dessi-
nateur n'a point fait assez ressortir cette disposition dans ses figures
de profil ; mais il les a bien mises en évidence dans la section transverse, où le relief du mamelon est figuré en projection sur les bords
de la section schématique. La hauteur du tour fait les 7/10 de la largeur et non les 8/10. L'enroulement est à peu près le même, ainsi
que le diamètre de l'ombilic fortement en gradin.

C'est surtout dans les cloisons que se montrent les différences les
plus importantes. Il y a de chaque côté du lobe siphonal un ramule
de moins, 4 au lieu de 5, et ces ramules sont presque égaux. Le lobe
principal est plus robuste, à branches plus ramassées ; le secondaire
est peu différent ; le premier auxiliaire est de même force et bien plus
petit ; le second est au contraire un peu plus compliqué, mais sa pointe
passe derrière sous le recouvrement de la spire. La selle principale
est un peu moins développée et elle est plus inégalement divisée par

deux lobules, dont l'antérieur est plus court, ce qui est une tendance à la bipartition. La selle latérale est simplement bipartite au lieu d'être tripartite, bien plus étroite et à partitions inégales, l'antérieure étant bien plus haute. La première selle accessoire est conforme à la précédente, mais assez simplifiée ; la seconde est bien plus étroite et petite.

L'exemplaire mutilé de Pl. XI, qui a servi à cette comparaison, porte une trace très nette d'une bouche provisoire, sous forme d'un sillon à bord net, creusé entre deux côtes et oblique en avant sur le pourtour, puis s'élargissant un peu au-devant d'un mamelon costiforme et remontant enfin en se rétrécissant sur un court parcours vers la symphyse. On n'y trouve aucune trace de joue ou d'autre appendice.

AMMONITES BREVETI Var. ?

Pl. XII, fig. 1 à 4.

Il ne me semble pas qu'il y ait lieu d'en séparer l'exemplaire de Pl. XII, fig. 1 à 4, connu seulement par un tronçon, dont les tours sont un peu plus réniformes, un peu plus enveloppants. Les mamelons costiformes sont situés plus bas et s'atténuent de même vers la suture (ce que le dessin ne fait pas bien ressortir). Le pourtour est plus en forme de toit, avec la région siphonale aplanie. Le rapport de la hauteur du tour à sa largeur est seulement de 6/10. On ne connaît des cloisons que la partie comprenant le lobe latéral secondaire, et le reste, jusqu'à la suture, rappelant beaucoup plus la structure de la variété que celle du type. Ce sont des différences individuelles qu'il faut sans doute négliger. Je ne crois pas qu'il y ait lieu de distinguer ce type autrement que comme une variété de A. Breyeti, jusqu'à ce que des matériaux plus complets nous aient permis plus ample comparaison.

AMMONITES KASBENSIS

Pl. X, fig. 1 à 2 ; Pl. XI, fig. 5 à 7 ; Pl. XII, fig. 8-9.

Hauteur du dernier tour............ 0^m040 0^m050
Largeur au même point............ 0 067   0 080

Cette ammonite n'est peut-être encore qu'une race de A. Breveti. Elle lui ressemble beaucoup par sa grande taille, son enroulement peu rapide et par le faible recouvrement de tours ; leur hauteur est à leur largeur : : 8 : 10, comme dans A. Breveti typique. Mais les mamelons des flancs sont à peine décurrents ou même pas du tout vers la suture et quelquefois ils se soulèvent à l'autre bout en une assez forte épine. Les faisceaux de côtes qui en partent ne présentent pas de différence bien appréciable.

C'est encore dans la structure de la ligne suturale des cloisons avec le test qu'est la principale différence. Le lobe siphonal est long et assez étroit, portant un ramule de plus ; mais ses ramules sont égaux, ce qui rend le lobe d'égale largeur ; tandis que dans A. Breveti il se rétrécit vers la base. La selle principale, au lieu d'être presque carrée, est beaucoup plus longue que large, à tronc peu épais, plus découpé et divisé dans le haut profondément en parties paires, dont la partition postérieure, un peu plus large, est un peu plus profondément subdivisée que l'antérieure. La seconde selle est tout à fait semblable, sauf qu'elle est plus courte. La première accessoire est très petite, à partition paire, et la dernière, très oblique, est assez ramuleuse. Le lobe principal a son tronc plus épais, ses rameaux plus développés, plus robustes et un peu plus compliqués de dentelures. Le secondaire est court, oblique en avant, constitué par quatre ramules subflabellés, qui lui donnent l'apparence de partition paire. Le premier lobe accessoire est aussi long, obliquement transverse en avant et divisé en plusieurs ramules courts ; le deuxième accessoire ressemble beaucoup au secondaire par ses rameaux dentelés diver-

géants ; il est seulement un peu plus petit et deux de ses ramules passent sous la suture. Il ne me semble pas que cette structure puisse
être ramenée à une variation de celle de A. Breveti, et la réduction du
mamelon des flancs s'y ajoutant, je pense que l'on possède des éléments suffisants pour la spécification, qui aura cependant besoin
d'être confirmée définitivement par la découverte d'exemplaires moins
mutilés.

AMMONITES AULISUÆ

Pl. XII, fig. 5 à 7.

Hauteur du dernier tour............ 0^m030
Largeur au même point............ $0\ 058$

Coquille présentant la même forme générale que dans les espèces
précédentes, mais à tours encore plus étalés, puisque la hauteur n'est
que les 5/10 de la largeur. Les côtes du pourtour paraissent bien plus
indépendantes du mamelon costiforme et descendent moins bas que
lui, et sur le milieu du pourtour elles s'interrompent en laissant une
large bande siphonale unie. Le mamelon costiforme est assez oblique, saillant et comprimé, et décurrent en crête, qui s'efface vers la
suture. On ne connaît qu'une partie des cloisons. Le lobe siphonal
est très développé, assez robuste et comme pectiné latéralement par 4
ramules égaux, rapprochés, et se termine par un épatement fourchu
et ramuleux. Le lobe latéral principal est un peu moins long que le
précédent, à tronc assez robuste, droit, portant de courts ramules,
sauf les deux derniers assez longuement dépassés par l'extrémité. La
selle principale est oblongue, comme tronquée dans le haut, profondément partite en deux portions peu inégales, divisées elles-mêmes
en partitions obtuses crénelées ; la deuxième selle, presque aussi
haute, était un peu plus étroite au moins dans sa partition extérieure,
la seule connue.

Je n'ai vu de ce type que le seul tronçon mutilé de Pl. XII ; mais les différences qu'il présente avec les précédentes espèces ne permettent pas de les confondre. Les côtes ombilicales séparent l'espèce de A. telloutensis ; l'interruption des côtes ventrales la distinguent des A. Breveti et A. kasbensis. On ne pourra, du reste, la caractériser que lorsqu'on aura de meilleurs exemplaires. La large zone lisse de la région siphonale lui donne de la ressemblance avec les races épaisses et épineuses de A. anceps ; mais les cloisons sont différentes, les tubercules aussi, ainsi que leur situation. Il ne peut y avoir aucun doute sur leur autonomie spécifique.

CONSIDÉRATIONS GÉNÉRALES

———

Les céphalopodes décrits plus haut, comprenant tout ce que j'ai pu réunir du gisement de Lamoricière, s'élèvent au chiffre de 26 espèces, dont 1 bélemnite, 3 nautiles et 22 ammonites, sans compter les variations de divers degrés.

Pictet a décrit et figuré du gisement de Berrias 24 espèces de céphalopodes, dont 2 bélemnites, 7 nautiles et 15 ammonites ; mais des nautiles il y a lieu de retrancher le N. sexcarinatus identique à N. Malbosii, ce qui réduit leur nombre à 6 et celui du total à 23.

Je donne dans le tableau suivant la liste comparée des espèces de ces deux gisements en mettant en regard celles qui sont communes aux deux et laissant par conséquent en blanc les places correspondantes de celle des deux listes qui ne comprend pas les espèces de l'autre.

LAMORICIÈRE	BERRIAS
Belemnites latus Blainv........	Belemnites latus Blainv.
	Belemnites Orbignyanus Duv.-J.
Nautilus altavensis Pom.	
Nautilus Boissieri Pict.........	Nautilus Boissieri Pict.
Nautilus Malbosii Pict.........	Nautilus Malbosii Pict.
	Nautilus Dumasii Pict.
	Nautilus aturioides Pict.
	Nautilus Euthymi Pict.
	Nautilus berriasensis Pict.

84

LAMORICIÈRE	BERRIAS
Ammonites berriasensis Pict...	Ammonites berriasensis Pict.
Ammonites cf. picturatus d'Orb.	
Ammonites Thetys d'Orb.	
Ammonites cf. Velledæ Mich.	
	Ammonites semisulcatus d'Orb.
Ammonites Liebigi Oppel......	Ammonites Liebigi Oppel.
	Ammonites quadrisulcatus d'Orb.
	Ammonites grasianus d'Orb.
Ammonites occitanus Pict.....	Ammonites occitanus Pict.
Ammonites smielensis Pom.	
Ammonites rarefurcatus Pict...	Ammonites rarefurcatus Pict.
Ammonites privasensis Pict....	Ammonites privasensis Pict.
	Ammonites Dalmasi Pict.
	Ammonites Nieri Pict.
	Ammonites Boissieri Pict.
Ammonites Isaris Pom.	
Ammonites zianidia Pom.	
Ammonites mimouna Pom.	
Ammonites Malbosii Pict......	Ammonites Malbosii Pict.
Ammonites Pouyannei Pom.	
Ammonites Euthymi Pict......	Ammonites Euthymi Pict.
Ammonites Rocardi Pom.	
Ammonites altavensis Pom.	
Ammonites astierianus d'Orb...	Ammonites astierianus d'Orb.
	Ammonites narbonensis Pict.
Ammonites telloutensis Pom.	
Ammonites Breveti Pom.	
Ammonites kasbensis Pom.	
Ammonites Aulisuæ Pom.	

Sur les 26 espèces algériennes, 11 ont été également trouvées dans le gisement de Berrias et décrites par Pictet ; c'est une proportion très forte, presque la moitié de celles qui y sont connues. Il y a quelque intérêt à en faire l'analyse :

1° Belemnites latus Blainville est une espèce bien remarquable par sa dispersion géographique et stratigraphique. On la retrouve dans toute la série des étages néocomiens. Elle ne peut donc être d'un grand secours pour la détermination de ces horizons. En outre, je ne pense pas pouvoir affirmer que nos échantillons ne soient pas ici à leur place réelle et n'aient pas vécu dans la même mer que les Ostrea Couloni et Terebratula prœlonga. Leur origine commune avec les espèces qui suivent est au moins très incertaine ; il n'y a donc qu'à tenir un faible compte de leur présence.

2° Nautilus Boissieri n'est pas suffisamment connu pour qu'on puisse affirmer son identité avec le type décrit par Pictet ; mais Nautilus Malbosii est incontestablement identique et c'est en même temps l'une des formes les plus caractéristiques de Berrias, non seulement par elle-même, mais par son association avec deux autres espèces très affines et même trois, s'il fallait en distinguer N. tricarinatus Pict. Ces deux fossiles sont certainement erratiques dans le gisement de Lamoricière et y sont arrivées déjà fossilisées.

3° Les Ammonites Liebigi Oppel et A. Astierianus d'Orb. sont des espèces peut-être encore assez imparfaitement définies et qui paraissent représentées dans plusieurs horizons paléontologiques de la série néocomienne par des variétés ou des sous-espèces dont l'étude complète reste à faire. Leur présence ici est médiocrement instructive. La première est certainement erratique à Lamoricière. La seconde paraît l'être également par un certain nombre d'exemplaires de grande taille, dont la surface et les moules présentent des corrosions envahies par des serpules, des thécidées et des bryozoaires ; mais il est probable que d'autres exemplaires, et entre autres celui figuré dans nos planches, ont appartenu à des animaux qui vivaient en même temps et dans la même mer que ceux de la faune dont Ostrea Couloni, Toxaster africanus, etc., sont les espèces caractéristiques. Il y a probablement entre ces sujets de provenances diverses des différences au moins de races ou de variétés ; mais les matériaux recueillis jusqu'à ce jour sont insuffisants pour élucider cette question. Je dois même rappeler les réserves faites plus haut au sujet de l'identification des formes algériennes avec celles de France.

4° Ammonites Euthymi Pict. et A. Malbosii Pict. appartiennent à un type très remarquable qui paraît être particulier à l'horizon de Berrias et qui n'a lui-même que des affinités assez peu serrées avec Ammonites radiatus, qui est lui-même spécial au néocomien propre ou hauterivien. Ces deux espèces sont certainement erratiques dans le gisement de Lamoricière.

5° Ammonites occitanus Pict., A. rarefurcatus Pict., et A. privasensis Pict. se rattachent au groupe précédent et montrent des affinités assez intimes avec Ammonites neocomiensis d'Orb.; mais elles ne sont pas sans refléter un certain faciès jurassique, notamment celui des Ammonites calisto d'Orb. et A. eudoxus d'Orb. Ces espèces sont erratiques sans aucun doute dans le gisement de la Kasbah des Ouled-Mimoun.

6° Ammonites berriasensis Pict. est aussi un fossile erratique du même gisement. Ses affinités sont incontestables avec Ammonites tatricus Puch. du terrain oxfordien ; mais elles sont tout aussi fortes avec un groupe d'espèces néocomiennes qui comprend Ammonites Guetardi d'Orb. L'identité absolue de nos exemplaires prend une certaine importance de ce fait que c'est l'espèce la plus répandue dans tous les gisements à Terebratula dyphioïdes d'Orb. C'est une des espèces les plus caractéristiques de l'horizon et celle dont l'observation a plus particulièrement attiré mon attention sur l'anomalie du gisement de Lamoricière.

Les espèces de céphalopodes de Berrias qui n'ont pas été trouvées encore à Lamoricière sont au nombre de douze. Ce sont :

1° Belemnites orbignyanus Duval-Jouve, auquel cependant pourraient avoir appartenu quelques tronçons de rostre jugés indéterminables. Cette espèce paraît propre à la faune à Terebratula diphya.

2° Nautilus berriasensis Pict. et N. Euthymi Pict. pourvus de cloisons simples et lisses à la surface ne présentent rien de bien particulier.

3° Nautilus Dumasii Pict. et N. aturioides Pict. ont leurs cloisons très fortement ondulées, produisant des lignes de suture lobées comme dans N. Malbosii Pict. qui les accompagne et qui représente le type dans le gisement de Lamoricière.

L'abondance des Nautilus dans le gisement de l'Ardèche lui est tout à fait particulier ; elle ne constitue pas le moins remarquable de ses caractères, surtout à cause du développement du type aturioide, si rare ailleurs en Europe et dont on ne trouve la représentation dans des proportions analogues que dans les formations crétacées de l'Inde anglaise. Il est à remarquer, du reste, que c'est sur d'autres horizons paléontologiques ; puisque les assises crétacées de cette région ne paraissent débuter que par le Gault ou tout au plus par un aptien rudimentaire.

4° Ammonites semisulcatus d'Orb. (peut-être ptychoïcus Oppel), du type de A. berriasensis, est comme elle parquée dans les assises néocomiennes inférieures.

5° Ammonites quadrisulcatus d'Orb. et A. grasianus d'Orb. paraissent remonter dans des assises plus élevées et la seconde se retrouve dans le néocomien proprement dit de Hauterive.

6° Ammonites Dalmasii Pict., A. Nieri Pict. et A. Boissieri Pict. sont d'un type assez spécial au gisement de Berrias et leur absence chez nous forme une véritable lacune. La dernière espèce cependant a des affinités manifestes avec A. Isaris Pom. du gisement de la Kasbah.

7° Ammonites narbonensis Pict., qui se rattache au groupe de A.astierianus, mais plus intimement à celui de A. bidichotomus, semble ménager une transition à un groupe algérien important non représenté ici et rappelant le type jurassique des Coronarii.

Les espèces de céphalopodes de Lamoricière qui ne sont pas représentées à Berrias sont au nombre de 15 ; c'est une très forte proportion ; d'autant plus que, si on excepte trois antérieurement connues dans d'autres régions, toutes les autres sont spéciales, au moins jusqu'à ce jour, au gisement algérien ; ce qui accentue considérablement son caractère de particularisme. Ce sont :

1° Nautilus altavensis Pom., espèce à fortes côtes rayonnantes, n'a pas même de correspondant dans le gisement de l'Ardèche. Toutefois, il en a plusieurs dans la série des terrains crétacés, mais à des horizons plus élevés (marnes de Hauterive, aptien et gault même), tous en restant distincts spécifiquement. C'est un des fossiles dont le caractère erratique est le plus nettement accusé et qui certainement était déjà fossilisé lorsqu'il a été inclus dans l'assise qui le contient.

2° Ammonites cf. picturatus d'Orb. a une origine plus douteuse et pourrait bien n'être pas erratique ; d'autant plus que le type appartient, à une faune plus récente plutôt urgonienne ou aptienne. Toutefois, Ammonites rouyanus, qui en est si voisine, se retrouve dans le

Dauphiné avec les espèces de Berrias et existe également dans le vrai néocomien ; il n'y a donc rien que de très naturel à voir ce type représenté à Lamoricière.

3° Ammonites Thetys d'Orb. ne me paraît pas encore avoir une synonymie bien certaine, notre fossile est exactement celui de Pictet dans sa monographie des Voirons, trouvé avec Terebratula diphyoïdes. Les animaux encroûtants, serpules et bryozoaires, sont fixés sur son test lui-même et n'indiquent rien d'erratique dans son gisement, où elle aurait vécu en même temps que Ostrea rectangularis Rœm., Terebratula prœlonga Desh., Holectypus macropygus Ag.; et ce qui confirmerait cette interprétation, c'est que cette même race de A. Thetys se retrouve à Téniet-el-Haâd dans un niveau assez élevé et avoisinant, quoique encore en dessous, l'urgonien à Heteraster oblongus d'Orb.

4° Ammonites cf. Velledæ Mich. présente ici une véritable anomalie. Le type appartient en effet à un horizon bien plus élevé et supra-néocomien, le gault ; et sa représentation même dans la faune de l'étage hauterivien est très singulière. Elle paraît bien être en place à côté de Terebratula prœlonga et Ostrea Couloni, à Lamoricière, pour les mêmes raisons que les exemplaires de A. Thetys. Il est vrai que son identification avec le type du Gault n'est rien moins que certaine ; que ses affinités avec A. Thetys sont presque aussi considérables et que si l'on possédait de meilleurs exemplaires de l'une et de l'autre et surtout plus nombreux, on arriverait probablement à différencier nettement notre espèce de l'une et de l'autre ; de manière à rendre cette anomalie plus apparente que réelle. Quoi qu'il en soit, c'est le seul exemple important d'anachronisme, s'il existe réellement, qui ait été constaté dans la faune que j'étudie dans ce mémoire.

5° Ammonites smielensis Pom., A. Isaris Pom., A. zianidia Pom.,

forment famille avec les Ammonites occitanus Pict., A. privasensis
Pict. et A. Boissieri Pict., à ce point que l'on se demande si l'étude
de séries un peu considérables d'individus mieux conservés ne ferait
pas découvrir des formes de passage amenant une réduction notable
dans le nombre des types spécifiques à conserver ; la plupart de
ceux établis constituant seulement des races ou variétés régionales.
Ces espèces sont certainement erratiques dans le gisement de la
Kasbah. Nous avons vu plus haut qu'elles jouent un rôle notable
dans la faune dont fait partie le Terebratula diphya ; elles en sont
un des éléments caractérisques.

6° Ammonites mimouna Pom. et A. Pouyannei Pom., comparées à
A. Malboisii Pict., peuvent donner lieu à la même remarque ; elles
n'en sont peut-être que des races très fortement différenciées. Leur
rôle dans la faune berriasienne est à peu près le même ; elles en sont
un des éléments les plus caractéristiques et elles proviennent, sans
conteste, d'un gisement antérieur à celui où elles sont actuellement
renfermées.

7° Ammonites Rocardi Pom. et A. altavensis Pom. commencent
une série dont les affinités sont étroites avec A. Carteroni d'Orb. et
un peu plus éloignées avec A. astierianus d'Orb. La première est à
peu près certainement erratique dans le gisement de Lamoricière ;
mais la seconde paraît bien avoir vécu dans la mer même qui a
déposé les sédiments où sa coquille gît maintenant. C'est la seule
Ammonites astierianus qui représente ce groupe dans le gisement
de l'Ardèche et des deux fossiles algériens dont il est ici question,
c'est précisément A. Rocardi qui est le plus éloigné d'affinité avec ce
type.

8° Les A. telloutensis Pom., A. Breveti Pom., A. kasbensis Pom.,
A. Aulisuæ Pom. et leurs variétés n'ont aucun représentant à Berrias

et ne rappellent que de loin A. narbonnensis Pict. Cependant les gisements à Terebratula diphyoïdes du Dauphiné et de la Savoie renferment un type qui s'en rapproche un peu. C'est l'A. Chaperi Pict., dont j'ai plus haut indiqué les rapports avec A. telloutensis. Toutes ces espèces sont certainement erratiques aux Ouled-Mimoun et appartiennent par conséquent à la faune à A. berriasensis Pict. et à son consort Terebratula diphyoïdes d'Orb.

Ce sont elles qui impriment à cette faune locale du gisement algérien un cachet singulièrement jurassique, au point que l'on peut se demander si elles sont réellement contemporaines de celles également erratiques auxquelles elles y sont associées. A ce point de vue, rien dans les circonstances du gisement ni dans le mode de conservation, pas plus que dans la nature, ni dans la spécification des animaux qui ont encroûté leurs moules ne peut laisser supposer qu'elles pourraient provenir d'un autre gisement inconnu que celui qui a fourni toutes celles qui les accompagnent ; elles font donc bien partie de la même faune. Il faut sans doute considérer cette particularité comme un fait très remarquable de distribution géographique, qui est peut-être en relation avec la répartition des mers à ces anciennes époques et une indication que s'il y avait, comme c'est probable, des communications entre la mer de Berrias et celle de Lamoricière, ces communications n'étaient peut-être pas assez directes et assez immédiates pour amener sur ces deux rivages une identité de faune.

Dans les deux listes des céphalopodes fossiles des gisements de Berrias et de Lamoricière, qui ont été mises en regard l'une de l'autre, les espèces ont été aussi exactement que possible inscrites suivant leurs affinités naturelles. Pour faire concorder sur la même ligne les noms des espèces qui leur sont communes, il a fallu laisser des intervalles en blanc, qui font ainsi ressortir, d'une façon graphique très nette, les discordances des faunes ; les espaces blancs représentant en quelque sorte des lacunes entre les deux séries. Il en existe des deux côtés et d'une certaine étendue, sur lesquelles je crois devoir insister ici.

Une des plus remarquables lacunes de la faune algérienne est celle qui tombe sur le groupe des Nautiles. Mais il est à remarquer que malgré que le nombre des espèces soit moitié moindre, le type paraît y être mieux représenté, le groupe des Nautiles radiés faisant absolument défaut dans l'Ardéche. La deuxième lacune qui ait quelque importance est celle qui tombe entre les Ammonites privasensis et A. Isaris, faisant face à A. Nieri et voisines, c'est-à-dire à une série où les caractères spécifiques présentent des transitions ménagées avec les deux bouts de la lacune. Les autres interruptions sont presque insignifiantes.

Les lacunes de la série de Berrias sont plus remarquables. La première porte sur des espèces que l'on trouve en bien des points dans les assises du vrai néocomien, au sens restreint du mot et même dans des formations notablement plus élevées dans la série stratigraphique, comme A. Velledæ ; mais nous avons vu que rien n'est moins que certain dans leur attribution au gisement qui a fourni les fossiles berriasiens. La seconde correspond en quelque sorte comme valeur et importance à celle de la faune erratique de Lamoricière, qui est comprise entre A. privasensis et A. Isaris. C'est dans le même groupe transitif en quelque sorte qu'elle tombe. La troisième lacune, en face de Ammonites Rocardi, peu importante, est encore atténuée par ce fait que l'une au moins des deux espèces de ce groupe ne paraît pas provenir du gisement d'âge berriasien. La quatrième et dernière lacune est au contraire la plus remarquable, en ce qu'elle paraît en quelque sorte presque absolue et sans transition. Elle correspond à la série de Ammonites Breveti, qui paraît être un résidu jurassique en quelque sorte dépaysé dans la faune crétacée.

Il faudrait cependant se garder d'attribuer une trop grande importance à ces discordances de listes, parce qu'il est hors de doute que nous ne possédons pas la totalité de la faune à comparer à ses équivalentes d'Europe. Il y a déjà bien des probabilités pour que les faunes soient incomplètement représentées dans des gisements où les sédiments sont contemporains des animaux dont ils renferment les débris. Mais lorsque ces sédiments contiennent les fossiles à l'état remanié ou erratique, comme s'ils provenaient de gisements plus anciens auxquels ils auraient été arrachés, combien les probabilités n'augmentent-elles pas pour qu'on n'ait en quelque sorte que des résidus de faune. Dans ces conditions, qui sont celles du gisement de Lamoricière pour ce qui regarde le groupe erratique de ses fossiles, on ne peut qu'être étonné de la quantité de matériaux que nous avons pu mettre en œuvre pour la comparaison ; à ce point que le nombre des espèces d'Ammonites qu'il a fournies est beaucoup plus considérable que dans le gisement de France, 22 au lieu de 15.

Il est donc bien à regretter que le gisement primitif de ces fossiles nous soit resté caché ; car il doit être d'une richesse exceptionnelle. Il y a tout lieu de croire qu'il aurait livré bien d'autres matériaux intéressants et plus spécialement pour les ordres de mollusques autres que celui des Céphalopodes, dont nous ne paraissons avoir rencontré aucun exemplaire. Tous ceux qui se trouvent dans le gisement appartiennent à l'époque même de la sédimentation des assises qui les renferment c'est-à-dire à l'époque du néocomien proprement dit.

Dans cette étude, j'ai pris soin de comparer uniquement le gisement de Lamoricière à celui de Berrias, en m'en référant à la monographie de Pictet, parce qu'il est à peu près hors de doute que celui-ci ne renferme aucun élément étranger, tandis qu'il n'en est pas de même pour les gisements de même âge du Dauphiné et de la Savoie, où l'on ne me paraît pas encore avoir nettement opéré le triage des espèces d'origine jurassique.

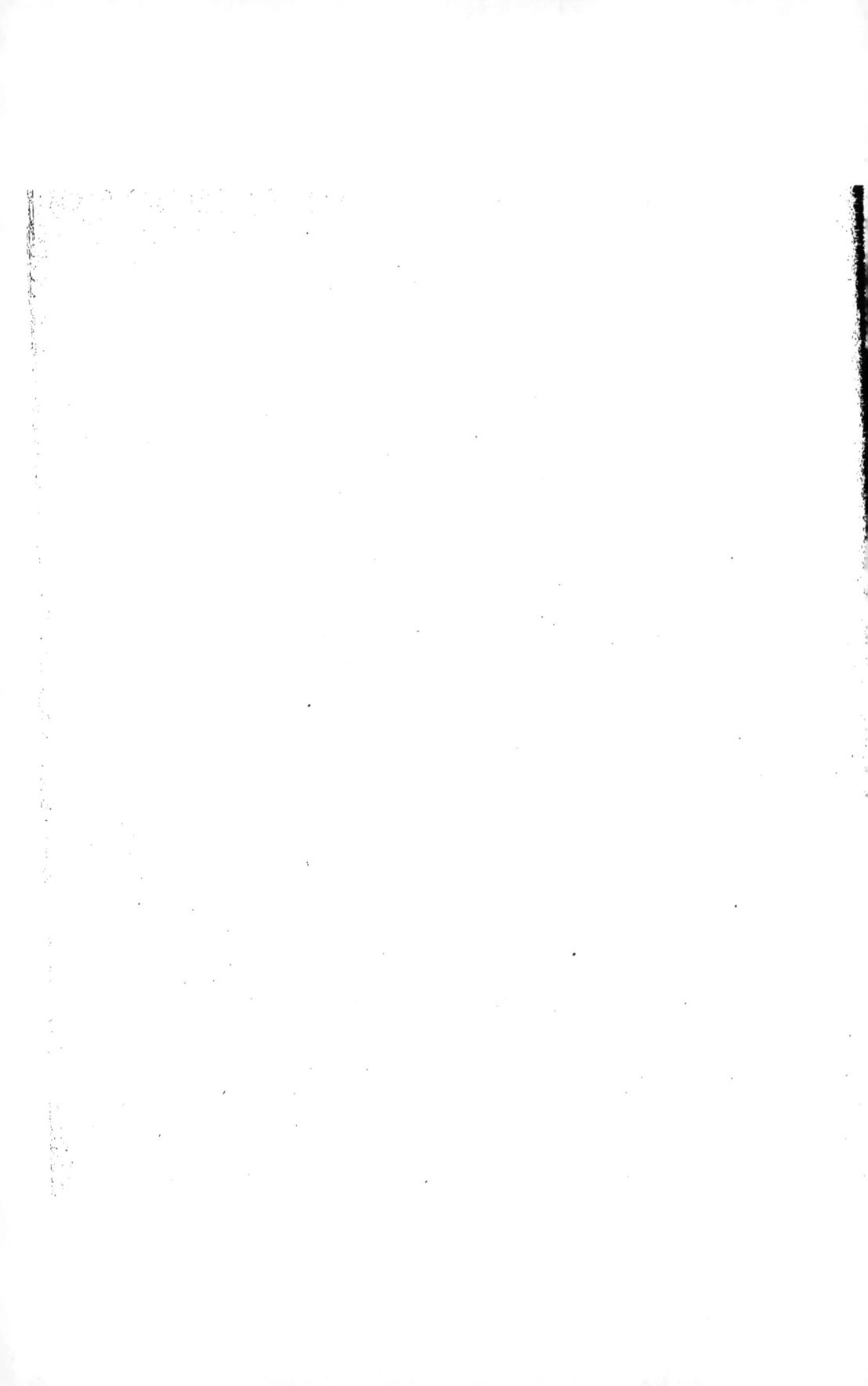

RÉSUMÉ ET CONCLUSIONS

En résumé, le gisement de Lamoricière, également connu sous le nom de Hadjar-Roum ou des Ouled-Mimoun, est un lambeau de terrain néocomien proprement dit, ou hauterivien ; lambeau extrêmement réduit en étendue et en épaisseur, ne comprenant qu'une faible partie, la plus inférieure, des assises qui constituent le terrain dans la région tellienne de la province d'Oran, et qui pour cela ne mériterait guère d'attirer l'attention des stratigraphes.

Mais il renferme à l'état remanié une faune remarquable de Céphalopodes ayant les plus grandes affinités avec celle de Berrias, illustrée par Pictet. 11 espèces, sur 23, de ce dernier gisement se retrouvent à Hadjar-Roum et ce sont pour la plus grande part des espèces très caractéristiques.

Les espèces de Hadjar-Roum qui sont étrangères à Berrias, à l'exception de deux ou trois qui ont plutôt des affinités avec des faunes un peu plus récentes et dont l'âge est peut-être celui même de la couche qui les renferme, ne contredisent aucunement les indications fournies par les précédentes. Elles sont en effet spéciales au gisement algérien et ne font qu'accentuer davantage encore le caractère autonome de cette faune, qui est la plus ancienne de la période crétacée. On y compte 7 espèces de plus d'Ammonites que dans le gisement de l'Ardèche, c'est-à-dire moitié en plus.

Toutes les indications de fossiles jurassiques sous la rubrique de
Hadjar-Roum sont erronées et résultent de confusion ou d'espèces,
ou de gisements.

Le gisement d'où proviennent les espèces de cette faune de début
de la période crétacée est resté inconnu et n'a point d'équivalent
connu à ce jour dans l'Algérie et même en Berbérie. Celui qui renferme ces éléments paléontologiques à l'état remanié est unique
également en ce genre parmi les contemporains de la région et du
reste de l'Agérie.

TABLE ANALYTIQUE

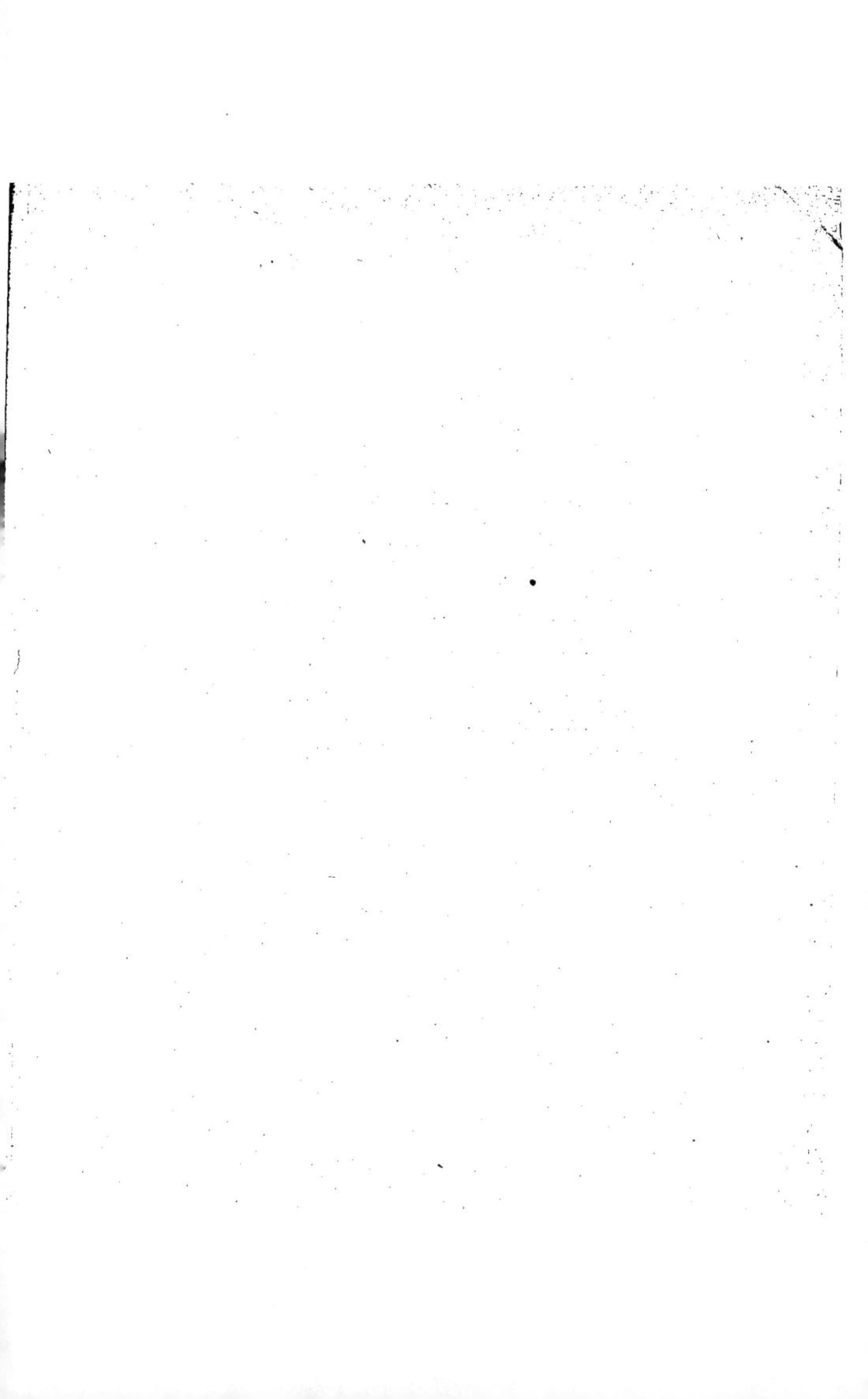

PLANCHE I

PALÉONTOLOGIE ORANAISE

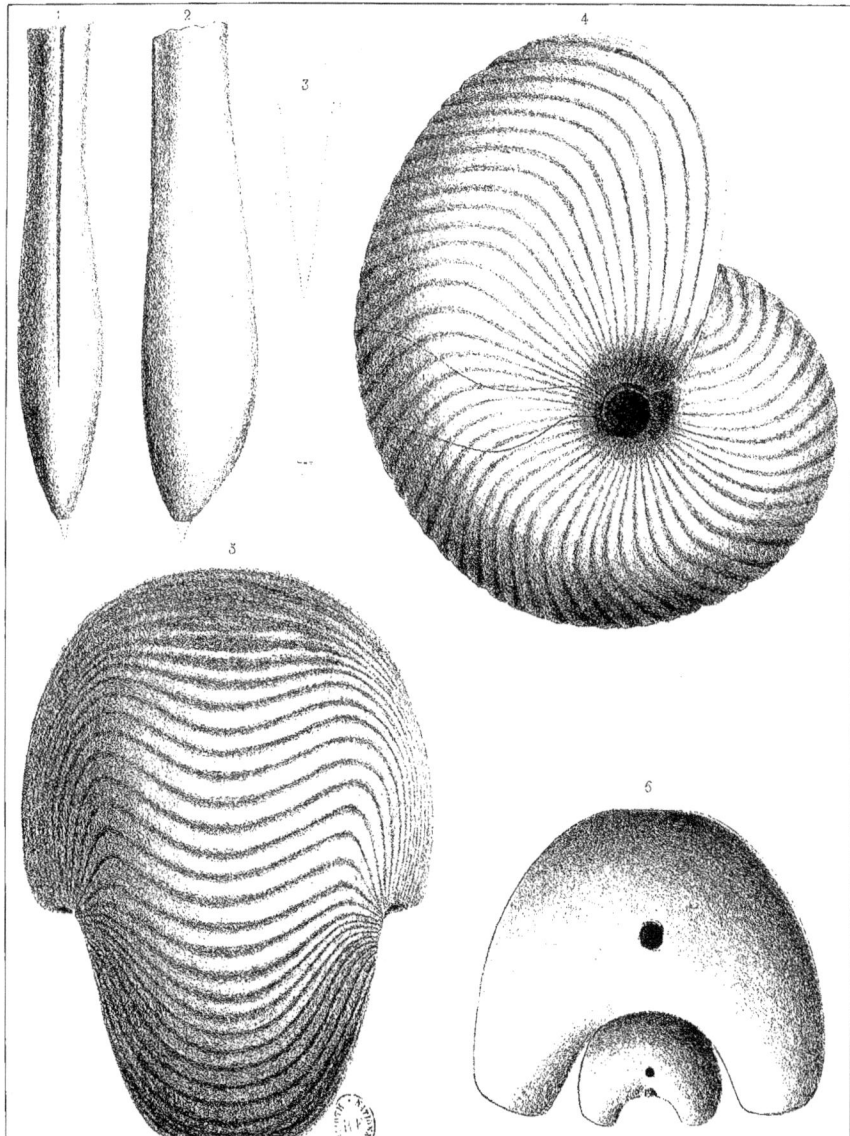

PLANCHE II

Figure 1. Ammonites berriasensis Pict., vu de côté. G. N.

— 2. Le même, vu par la cassure et donnant l'enroulement et la section des tours.

— 3. Tour intérieur du même, montrant le passage du sillon sur la région ventrale. G. N.

— 4. Détail d'une cloison du même, grossie de moitié.

— 5. Ammonites cf. picturatus d'Orb., vu de côté.

— 6. Le même, vu de face.

— 7. Détail d'une cloison du même, grossie trois fois.

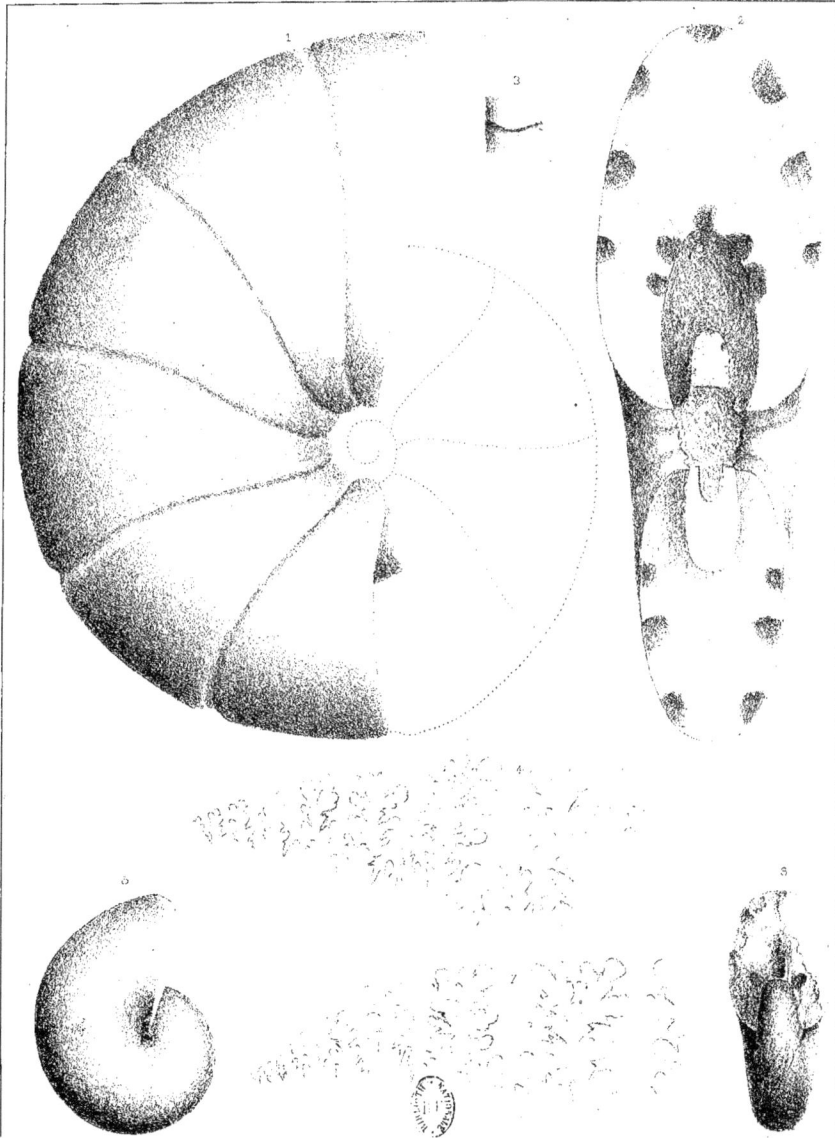

TABLE ALPHABÉTIQUE DES ESPÈCES

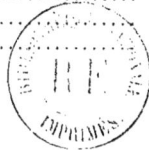

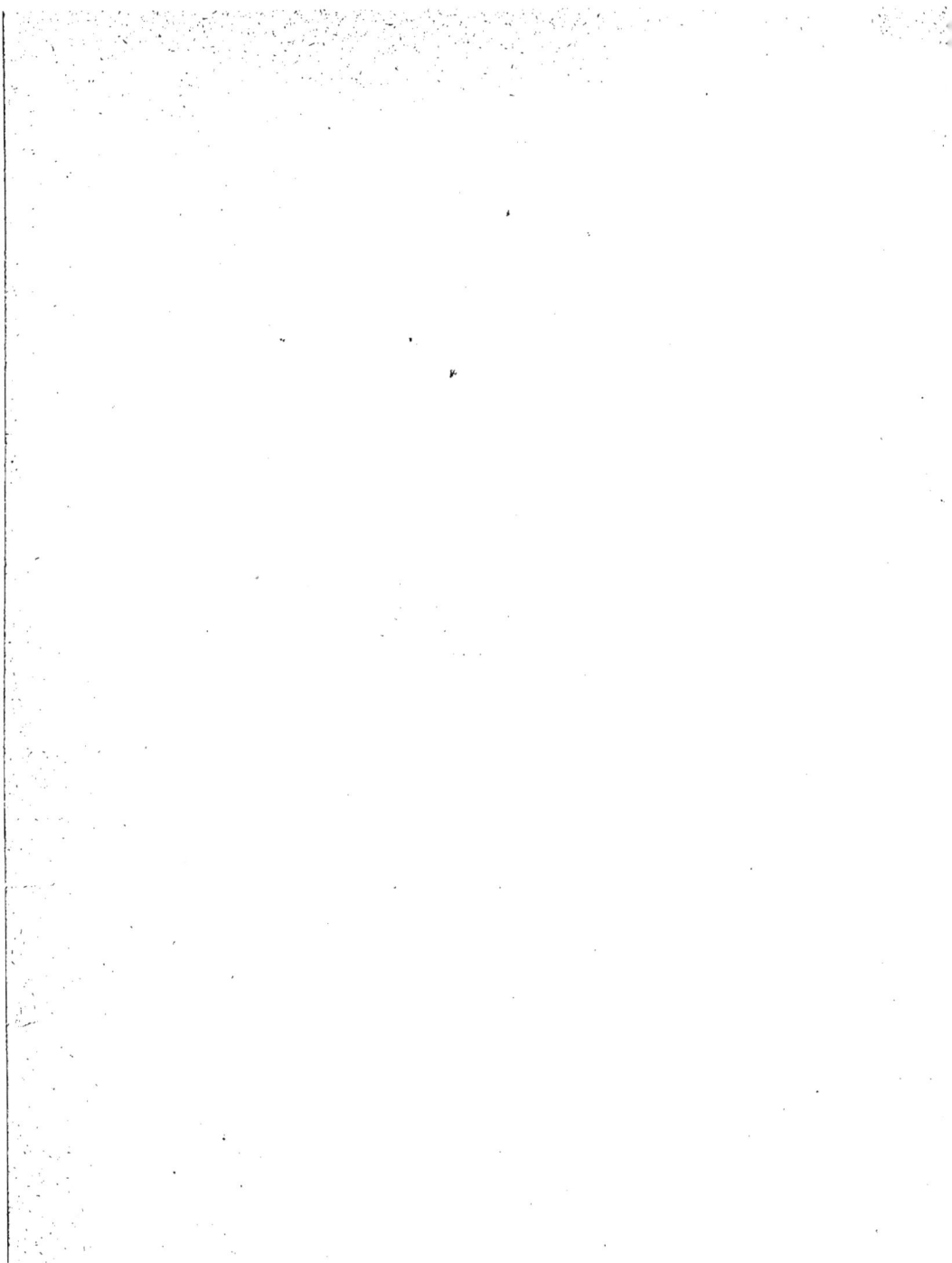